觀賞

果實

種子

大圖鑑

從都會到山區，從草本、藤本到木本，
一眼識別 200 種最吸睛的果實種子。

種子就為了蟄伏而生，靜待著最佳的生長時機，
探出頭長出根只為新生。

撰寫這本書的過程，由構思企畫開始，就像是等到開花結果的契機，編寫、收集資
料與記錄生活中常見的種實，在百忙的工作之餘，一點一點的進行著，像是集結生
命中那些與自然相處和對話的半日浮光，這些耕耘的日常，幸好有共同作者－惠芳
和主編－錦屏同心的耕耘和澆灌，終於結出果實。在出版之際更像是播下了希望，
就像這書一樣等到了發芽的時機；而親愛的讀者們，更像是這本書的陽光、空氣、
水，將助長這本書的茁壯，期盼大家的指教，將成為這本書更充實的養分，成就彼
此心中的自然美好。

近來種子的蒐集和運用，成為休閒生活中的顯學，這些來自大自然的恩賜，開啟了
不同的視野，讓我們以不同的視角接觸生命、欣賞自然，進而結識綠世界的萬般生
命。建議大家由生活中出發，收集運用各類水果的種子為先，您將會發現，吃的夠
乾淨或把殘存的果肉完全去除，細細端詳這些種子的外觀竟然是那麼美麗和有趣。
即便是紅豆和綠豆也有它們的美。小小種子為了保存生命的能量和傳播，更演化出
各種令人咋舌的本事，如果您願意，其實自然就在身邊從未遠離。

除了與惠芳共同記錄和介紹台灣常見的 200 種植物果實種子之外，為永存這些種子
標本的美好，分享了各類種子運用創作前，處理的各種方法，更結合惠芳多年種子
教學創作的經驗，把這自然的純粹帶進生活，讓大家見識到種子美好的力量。

最後感謝麥浩斯出版社，提供了成就出版的契機，也希望熱愛種實自然的夥伴們，
撿拾自然的同時，只取那些自然落下的、遺留的、有緣的、遇見的！

～感謝大家～

梁群健

一如亨利梭羅在《種子的信仰》一書提到：「雖然我不相信沒有種子的地方，會有植物冒出來；但是，我對種子懷有大信心。若能讓我相信你有一顆種子，我就期待奇蹟的展現」。

感謝麥浩斯出版社和園藝達人梁群健（Kenji）老師願意投入出版這本種子生態書，將過去在工作場域或是自然界裡觀察到的植物生態，及近年的種子創作教學在書中呈現。一般人總認為植物的分類及辨識十分艱深，具有很高的門檻，透過書中實際拍攝記錄到的植物生態照片，例如，長在樹上的花與果實，或是標上實際大小的果實及種子標本，讓讀者更容易瞭解和分辨植物及果實的不同樣貌，尤其從各式奇特的果實進入植物世界，相較之下更容易入門。

接觸種子已近 20 年，打從大學就讀森林系開始到實際在恆春進行野外調查，乃至擔任高山生態解說員都與其息息相關。在 9 年前離開工作場域後，投入自由業，就是從種子擺攤教學開始，將過去在山上撿拾收藏的中海拔果實，橡實類如栓皮櫟、森氏櫟以及二葉松等果實先行運用。後來慢慢接觸到平地的種子，例如：銀葉樹、木玫瑰、狐尾椰子、檳榔、血藤、香椿等果實，近年持續在花蓮的馬太鞍休閒農業區（欣綠農園）、光復樂齡學習中心、公私部門舉辦員工培訓或室內活動、各機關學校針對教師研習或是學生進行種子創作教學，希望學習者能夠透過種子創作的過程，對於種子的 " 知 " 有更深一層的期待，自然而然認識種子的奧妙，並能對台灣環境及種子的保育盡上一分心力。因此也特別在 Part3 分享了簡單易行的種子創作課程，都是我過去實際教學的經驗，以提供給教學者或自學者參考。

植物果實千百種，本書按照科別排列，期盼讀者能夠輕鬆翻閱到所需的植物頁面，並發現同科別果實相似性高、更好比對辨識。書中也介紹了果實及種子的處理和乾燥方法，以確保種子能順利應用於各式創作與教學分享。書中自有黃金屋，相信能讓大家受益良多。

最後，感謝這些年來好友們不間斷地將各地種子果實分享給我，並推薦舉辦了無數場次的教學，持續支持我走在這條道路上。更期待本書的發行能帶給大家更寬廣的視野，進而快樂地學習。

薛惠芳

PART

1
————

認識果實種子

FRUITS
&SEEDS

果實與種子的角色

種子植物（Seed Plants，Spermatophyte），即指能產生種子的植物，又可分為裸子植物和被子植物兩大類。所謂的果實與種子，是植物有性繁殖的一環，在植物開花授粉後，由子房發育而成的組織。

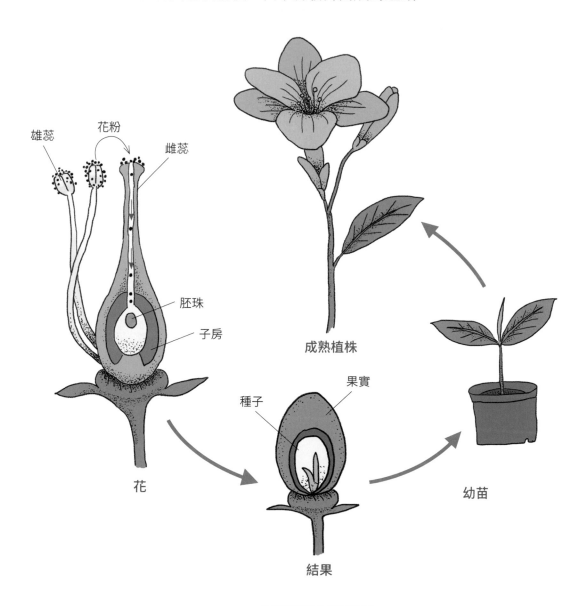

（以開花植物為說明範例）

單子葉植物 Monocots、雙子葉植物 Dicots

開花植物（Flowering Plants）中的被子植物（Angiosperms），胚受精後發育，在子房包覆的保護下，最終發育成果實與種子兩個部份，再依其發芽時子葉的數目，細分成**單子葉植物**（Monocotyledons；Monocots）與**雙子葉植物**（Dicotyledons；Dicots）。

- 常見的單子葉植物如：禾本科的糧食作物玉米、小麥與稻米。
- 常見的雙子葉植物如：豆科植物的黃豆、綠豆與紅豆。

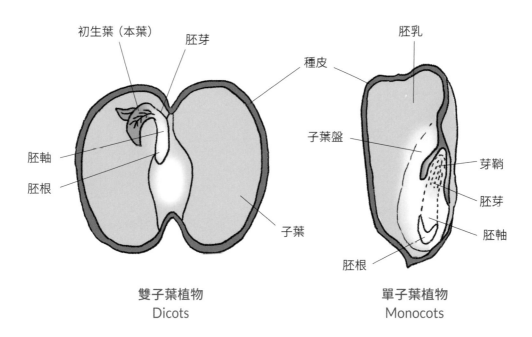

雙子葉植物
Dicots

單子葉植物
Monocots

果實 Fruits

果實（Fruits）特指被子植物才有的構造。開花授粉之後，以受精的子房為主體而形成，主要在保護其內由胚珠形成的種子，並藉由果實來協助種子傳播。

有許多植物的果實成熟後是可以食用的，但在未成熟時不能食用。如：西番蓮科的百香果及薔薇科的梅樹，未發育成熟的青果含有毒物質，無法直接食用。即便是台灣常見的天南星科植物姑婆芋，其成熟後的紅色鮮果雖然對人類來說不宜食用，但卻吸引了鳥類前來取食，進而協助傳播。

到了現代，人類為了攝取糧食作物與各式季節性水果的營養，進一步發展出農業經營的共生模式，除了透過人為手段協助傳播，也致力於提升栽種技術和品種質量，付出了無限的精力和智慧。

生活不可或缺的果實：糧食、瓜果。（依序為小麥、米飯、番茄、櫻桃）

裸子植物 Gymnosperms

裸子植物（Gymnosperms）沒有真正的花器構造。授粉後胚珠裸露，並無子房組織的保護，而直接形成種子的植物；這類植物在演化上較為原始，常見分布在台灣中高海拔地區，如：松、杉、柏。

裸子植物胚珠直接發育成種子，但其仍具有較原始的果實型態，如松樹的毬果，嚴格來說並不是果實，因雌蕊發育不全的構造，毬果上的每一片果鱗，其實正像是連結胚珠的母體結構—心皮（Carpel），只是未發育成果肉將種子包覆起來。因此裸子植物與被子植物最大的區別，正是種子有無果實的包覆和保護。

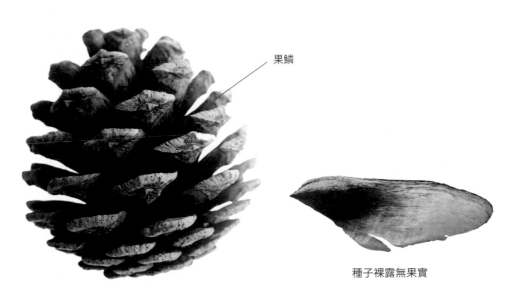

果鱗

種子裸露無果實

裸子植物：二葉松

傳播方式面面觀

由果實與種子的外觀，也能判別其利用什麼方進行傳播。

風力傳播 Wind Dispersal

常見用風力傳播的種子或果實，會具有棉毛、冠毛、翅、紙質的膜狀物，或以輕質的蒴果等藉由風力傳播。

台灣三角楓

翅果

利用風力傳播的植物

| 光蠟樹 |

翅果，利於在風中飄散。

| 海島棉 |

種子外有棉絮。棉毛的附屬物有利風的傳播。

| 馬利筋 |

種子具有冠毛。

| 鐵線蓮屬 |

種子有羽毛狀的附屬物。

| 倒地鈴 |

如氣囊狀的輕質的蒴果，也利用風力傳播。

| 台灣欒樹 |

輕質的蒴果，也利於風力傳播。

水力傳播 Water Dispersal

水力傳播的種子，除常見生長在水域附近之外，這類的果實具有比重低的特色，以利果實能漂浮在水面上。為適應長期在水域中浸泡的環境，果皮或種皮會高度纖維化防止種子下沈之外，也能避免因浸泡吸水而造成種子缺氧腐敗。

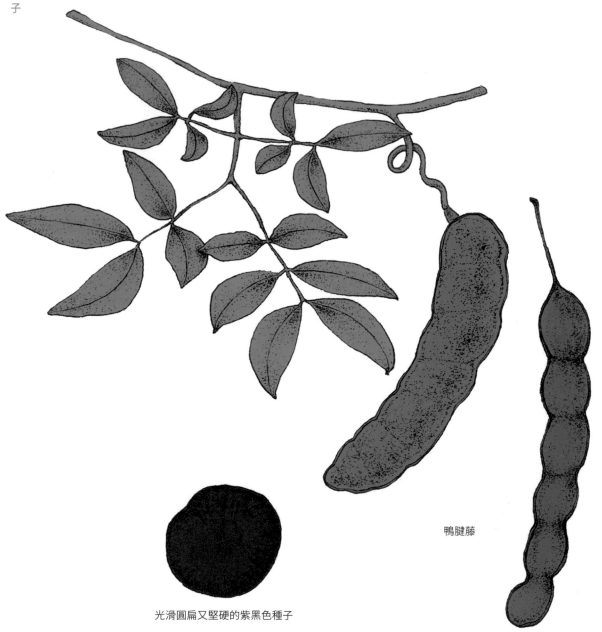

光滑圓扁又堅硬的紫黑色種子

鴨腱藤

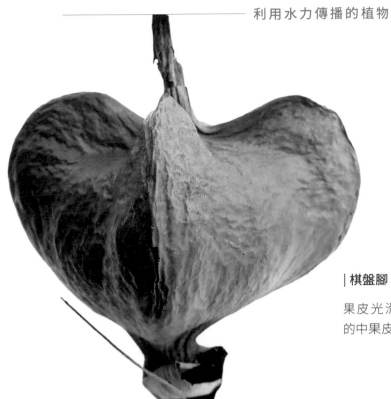

| 棋盤腳 |

果皮光滑，富含纖維質
的中果皮，以利水漂。

| 海檬果 |

內果皮纖維化，種子含
豐富油脂以利水漂。

| 水黃皮 |

果實具漂浮性，藉水流
傳播，又稱「水流豆」。

其他傳播方式：附著、彈力

利用果實特殊的結構，因成熟乾燥開裂，造成彈力，形成一種自力傳播的現象。更有利用冠毛附屬構造物；又或以黏液等增生物，黏著於動物皮毛或人類衣物上協助傳播。

───── **其他傳播方式的植物** ─────

| 石竹科－菁芳草 |

花十分細小。花梗（果梗）和宿存的花萼上有黏性腺毛，利用沾黏的方式傳播種子。

照片提供／陳柏豪、鍾安晴

| 酢漿草科－黃花酢漿草 |

長條圓錐狀蒴果。

利用種子的種瓣（白色），將褐色的種子彈出去。

果實的構造

果實構造分為種子和果皮兩部分。

種子以外的部份，合稱為果皮（包含了外果皮、中果皮和內果皮），多數的果肉由中果皮的部位形成。果皮外也會長有各種不同的附屬物，像是冠毛、翅，有些還會特化成鉤狀物。

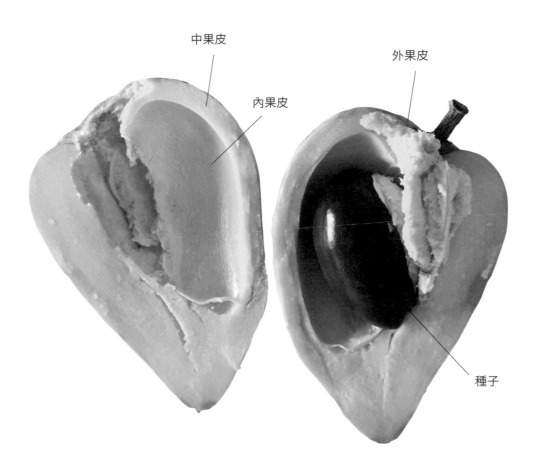

蛋黃果（仙桃）為一種核果。在果實成熟後，
切開的縱剖面，可看見果實與種子的構造。

依果實發育方式，以其結構和外型可以簡單分為：**單果、複果、聚合果**等三大類。

單果 Single Fruits（單花果、單生果）

大多數被子植物的果實都屬單果，即由一朵花與一枚雌蕊形成的果實稱之單果。

- **單雌蕊（單心皮雌蕊）**：如核果（薔薇科的李、桃、梅）、莢果（豆科的豌豆、黃豆）。
- **複雌蕊（合生心皮雌蕊）**：如蒴果（茶科的大頭茶）、穎果（禾本科的玉米）、角果（十字花科的油菜）。

以胭脂樹為例

由單朵花形，可見花朵中央的雌蕊－即心皮構造（花柱及柱頭為淺二裂），由多數雄蕊組成；單果為乾果－蒴果。

單果又分為乾果 Dry Fruits 與肉果 Fleshy Fruits 兩類：

- **乾果**：果皮成熟後，果皮乾燥。
  乾果 ── 子房發育而成的果皮，與種子幾乎結合在一起而無法細分。
  因果實開裂與否再細分成**裂果**（Dehiscent Fruits）及**閉果**（不裂果，Indehiscent Fruits）兩種。
- **肉果**：果皮成熟後肉質多汁。

乾果 Dry Fruits → 裂果、閉果

★裂果 Dehiscent Fruits：
果實成熟後會自行開裂，例如：蓇葖果、莢果、角果、蒴果。

莢果 - **綠豆**

蒴果 - **印加果**

節莢果 - **鴨腱藤**

莢果中較特別的一種，成熟時兩側不
開，以一節節的成熟斷落。

角果 - **油菜**

外觀與莢果相似，兩側有腹縫線，具
有隔膜構造。

★閉果 Indehiscent Fruits：

果實成熟後不開裂，例如：瘦果、穎果、翅果、胞果與堅果。

瘦果 - **大花咸豐草**

穎果 - **稻**

堅果 - **菱角**

翅果 - **三角楓**

肉果 Fleshy Fruits

可再分為漿果、柑果、核果、仁果（梨果）與瓠果（瓜果）。

漿果 - 楊桃

具深五稜狀之卵形或橢圓形漿果，表皮光滑，
初為綠色成熟後，略呈半透明狀，果色呈金黃
或淡黃色；橫切面呈星星狀得名 Star Fruit。

柑果 - 酸橙

芸香科柑桔屬植物特有的果實類型。

酸橙與其橫切面，為漿果的一種。果實內
由多數半月狀（楔狀）瓤囊所組成。

核果 - 梅

薔薇科中的桃、李、梅、櫻、
杏之外；無患子科的龍眼、荔
枝也為代表。

仁果 - 鳥梨

常見於薔薇科果實，如梨、蘋
果。為假果，果肉肥厚多汁，
果實由花托發育。

瓠果 - 絲瓜

為葫蘆科（瓜科）植物特有
果實類型。為假果，果實由
子房及花萼發育而成。

複果 Multiple Fruits（聚花果、花序果）

不由一朵花發育而成，而是自一整個花序發育的果實。如最常見的桑樹的果實，實則是由雌花序的花萼發育而成。而真正子房發育的單果則由肉質的多汁花萼所包覆，形成複果。

- 鳳梨也是常見的複果（屬於聚花果），我們食用的部位是由雌花序中軸及肉質的苞片和螺旋狀排的子房共同形成。
- 桑科榕屬的果實由隱頭花序形成（屬於花序果），如愛玉、薜荔、天仙果及無花果等等。食用的部位是由隱頭花序主軸發育而來，真正子房則著生在肉質化的花軸內壁上。種子則發育成小堅果，包埋在肉質的花萼內。

複果 - **桑葚**

複果 - 聚花果 - **鳳梨**

聚合果 Aggregate Fruits（聚心皮果）

又名集生果。與單果一樣由單朵花發育而成，但其雌蕊型式，為多枚離生心皮所形成的果實。每一枚雌蕊形成小單果，聚合生長在同一花萼上所形成的果實。最常見的如薔薇科的草莓。

聚合果因植物不同，而有不同的稱呼及型式：
- **瘦果聚合**而生的果實，則稱為聚合瘦果，如：毛茛。
- **漿果聚合**而生的果實，則稱為聚合漿果，如：釋迦（番荔枝）。
- **核果聚合**而生，則稱為聚合核果，如：懸鉤子。
- **蓇葖果聚合**而生，則稱為聚合蓇葖果，如：洋玉蘭。

聚合瘦果 - **構樹**

聚合核果 - **玉山懸鉤子**

聚合核果 - **紅刺露兜樹**

聚合蓇葖果 - **洋玉蘭**
單朵花形成，由多數離生的雌蕊螺旋狀排列，雄蕊則排列在下方。
花後單一個心皮會發育成蓇葖果，形成聚合蓇葖果。

植物的科屬分類時有異動，本書的植物科屬與學名，參考自以下 3 個網站編撰。
敬請讀者隨時參詳網站，擴充閱讀以外的新知。

※ 台灣生命大百科 https://taieol.tw/
※ 台灣植物資訊整合查詢系統 https://tai2.ntu.edu.tw/
※ 維基百科 https://zh.wikipedia.org/

PART

2

_____

果
實
種
子
圖
鑑

FRUITS
&SEEDS

油菜

蕓苔、油白菜、苦菜、油菜籽

Brassica campestris var.
amplexicaulis

英文名　Edible Rape、Rapeseed
株　高　30-90 公分
結果期　冬 - 春季
落果期　春季
用　途　食用、榨油、飼料

原產於中國、中亞、歐洲等地，經由農業栽培及人為雜交選育的栽培品種極多，如台中特 1 號、台中選 2 號、新竹特 1 號等。在十字花科中，凡蕓苔屬種子可供榨油的通稱為「油菜」，常與蕓苔屬蔬菜混稱。水田休耕期間，油菜為常見的景觀性綠肥植物，同時也是冬季蜜源之一。於花後結果時，正值一期稻作春耕前，會隨著水田的整地犁入田中，成為護花泥，做為一期稻作重要的養分來源。

1. 未熟的長角果青綠色。2. 成熟後長角果呈現半透明及淺褐色的外觀。

1

2

| 果實特色 |

線形長角果，長 5-8
公分，具有長果柄，
角果內中具有隔膜，
與莢果大不同。內
含球形、褐黑色種
子數枚。

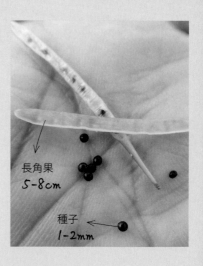

長角果
5-8cm

種子
1-2mm

USAGE

油菜及油菜花全株皆可食用，富含纖維、營養價值高，常見以清炒為主。種子含油量達 35-50 %，可供榨油，為常見的油料作物之一，也可做飼料。

蓖麻
牛蜱、大麻子

Ricinus communis L.

英文名　Castor-oil-plant、Castor Bean、
　　　　Palma Christi
株　高　0.8-2 公尺
結果期　春季
落果期　夏季
用　途　榨油、保養品

於 1645 年由荷蘭人引進種植，喜好陽光充足及
乾旱的環境，在向陽的荒地上常可見到它們的蹤
跡，是樺蛺蝶 (*Ariadne ariadne pallidior*) 幼蟲的食
草植物。屬名 *Ricinus* 為拉丁文 ricinus（扁蝨），
意指其種子很像扁蝨、牛蝨。牛蝨台語為牛蜱，
所以稱之為蓖麻。

葉片直徑 20-60 公分，盾狀，圓卵形，掌狀分
裂，葉型似大麻葉。

| 果實特色 |

果實外被肉質軟刺，成熟後變硬，3 裂；
種子為光滑的橢圓形，帶有褐色斑紋，
果仁則富含油脂。果實成熟後種子會從
果殼中彈射而出，屬於彈力傳播植物。

由 3 個心房組成為果實，
3 縱槽線變白後，開裂成三
裂瓣的果實。

種子
0.6-1.5cm

USAGE

蓖麻種子含有蓖麻毒素，英文
俗諺有 'One seed can kill a child'
的說法，切莫誤食，所幸蓖麻毒
素經由抽煉的過程，並不會進
入蓖麻油中。蓖麻油是重要的
潤滑油原料之一，著名品牌「嘉
實多— Castrol」，其公司名稱
即由其潤滑油產品配方中加入
蓖麻油而得名。蓖麻油更是燈
油、唇膏和藥膏的成分之一。

毛茛

大本山芹菜、鴨腳板、野芹菜

Ranunculus japonicus Thunb.

英文名　Japanese Buttercup
株　高　30 公分
結果期　冬 - 春季
落果期　春 - 夏季
用　途　藥用

廣泛分布於平地至低海拔山區之較為潮溼的地區，如水溝、水田處，屬名意指生長環境與青蛙棲息環境相似。全株有毒不易發生病蟲害，花開時還能提供蜜源予昆蟲。切莫誤食，以花的毒性最強，易引起腹痛、下痢等過敏反應。

1. 花色明艷，雖然不大但花開時吸引人目光。
2. 球形聚合果，像長了刺的縮小版釋迦。果實約 1 公分大小。成熟時輕觸容易掉落種子。

| 果實特色 |

球形聚合果，由 15-30 個瘦果組成。綠色瘦果倒卵狀、扁平，聚生於球形的花托上。

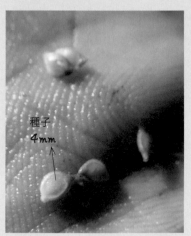

種子 4mm

── USAGE ──

性喜潮溼，對光線適應性也佳，葉形與花色皆美，可運用於各類水生植物園或濕地環境之綠美化。性溫味辛，有毒，不可內服。中醫以全草入藥，有截瘧、退黃、平喘、祛風等功用之說（相關藥用仍需配合醫師指示用藥為宜）。

大花君子蘭

劍葉石蒜、大葉石蒜

Clivia miniata Regel

株　高　60-80 公分
結果期　秋 - 冬季
落果期　冬 - 春季
用　途　花壇地被、盆花

君子蘭屬下均為重要的觀賞植物，喜好潮溼、冷涼及林蔭下環境。北部陽明山花卉試驗中心及中部溪頭森林遊樂園區，均有大面積於樹下栽植做為花壇地被，花開良好且花期長，常見其熱鬧繽紛開放在林蔭下的盛況。盆花則多見於年節前後，或於冬春季可偶見於花市。繁殖以分株及播種兩種為主，以春季為分株及播種適期。

肉質的花梗直立，於成熟的葉叢中抽出，繖形花序頂生，花多數，花瓣 6 片，花瓣內部呈黃色。花型、花色討喜。

| 果實特色 |

漿果成熟後呈紫紅色，內含 1-2 粒種子，透感如玉。

淡黃色種子
0.8-1cm

熟透的果皮有如紅寶石。

果實
1-1.5cm

草本｜石蒜科

漿果｜有毒

孤挺花

朱頂紅、百枝蓮、華胄蘭、喇叭花

Hippeastrum hybridum hort. ex
Velenovsky

英文名　Dutch Amaryllis、Knight's Star Lily
株　高　50-80 公分
結果期　春季
落果期　春 - 夏季
用　途　盆花、切花

多年生的球根植物，具鱗莖，在台灣終年常綠，僅冬季生長較為緩慢。於春夏季開花，集中在清明節前後。花梗由鱗莖中抽出，兩性花，繖形花序，6 枚花瓣狀如喇叭，花色以白、紅、粉為主。除單瓣品種外，亦有雄蕊瓣化後的重瓣品種及具香氣的品種。除做為景觀栽培之外，亦做為盆花、切花生產。如自行育種時，取得種子要立即播種，其種子不耐貯存，栽培 2-3 年後，球莖周徑達 14 公分左右即可開花。

台灣各地常見的孤挺花品種。春天盛開時為最美麗的時刻。

｜ 果實特色 ｜

蒴果成熟時黃褐色，開裂成 3 室，內有薄膜狀的黑色種子，數量可達 60-80 顆左右。

種子 1-1.5cm

蒴果 5-6 公分，成熟後開裂，薄膜狀的種子有利於風力傳播。

薏苡

川谷、草菩提、鴨母珠

Coix lacryma-jobi L.

英文名　Job's Tears
株　高　1-1.5 公尺
結果期　春 - 夏季
落果期　夏 - 秋季
用　途　食用、手作

常見英名 Job's Tears 源自其種小名 *lacryma-jobi*。Tear 源自種小名 lacryma 拉丁語字根，形容其穎果狀似淚滴。為一年生或多年生草本，常見分布於河邊、水域邊或水田環境。莖稈直立，易自莖基分蘖，常呈叢生狀，莖稈可為家畜的優良飼料。常見薏苡之外，另有紅薏苡、黃金薏苡等栽培品種，做為糧食之用。

種子 0.9-1cm

黃金薏苡的穎果較為圓潤。

| 果實特色 |

種子成熟後，外被光滑堅硬具琺瑯質的水滴形總苞。初成熟的總苞偏黑色，完全成熟後為淺灰色。過熟後總苞老化外觀出現碎裂紋。

種子 0.8-1.2cm

薏苡種子堅硬光亮有如天然寶石。

在水滴形綠色總苞可觀察到花序。

USAGE

薏苡曝晒乾燥之後，貫穿中央的孔洞，常做為手工藝串珠材料，散發自然民俗風情。

稗草

芒旱稗、水田草、水稗草、水高粱

Panicum crus-galli (L.)

株　高　80-130 公分
結果期　春 - 夏季
落果期　夏 - 秋季

同種異學名 *Echinochloa crus-galli*。為世界著名的雜草之一，台灣全島均有分布，常見出現在濕地、溝渠和水田環境，能適應水、旱田的環境。中國詩經已有「稗」的記錄。在西方聖經中提到的 Bad Seed，指的便是「稗」，因植株外觀與水稻及麥相似，花期及成熟期也接近，常於收穫時混入穀物中，不利於後續分級選別。穎果乾燥後易脫落；種子呈灰褐色的卵狀橢圓形。

種子 *1-1.5mm*

金色狗尾草

Setaria pumila

英文名　Yellow Foxtail、Pigeon Grass、
　　　　Cattail Grass
株　高　30-80 公分
結果期　春 - 夏季
落果期　夏 - 秋季

常見的禾本科雜草，生長於鄉野或人行道向陽的路緣等荒地及草地。莖稈上無毛，莖直立或基部略彎曲，線形至闊線形葉。花序中軸著生金黃色的剛毛，約 6-8 公分長，小穗卵形，具多數刺毛狀突出，穎果著生在剛毛基部。

種子 *1-1.5mm*

小米

粟米、穀子黃、小黃米

Setaria italic (L.) P. Beauv.

英文名　Foxtail Millet
株　高　60-150 公分
結果期　夏秋季
落果期　秋冬季
用　途　食用、祭祀

小米自新石器時代就被人類種植，做為人類早期
的糧食作物。台灣原生種為華南種，常見栽培於
花蓮、台東、高雄等海拔 2,000 公尺以下的山區。
小米對土地的適應性廣、耐貧瘠、耐乾旱、抗病
蟲害且生育期短。莖稈粗壯中空有節，狹長披針
形葉、互生，具明顯中脈和小脈，全株披有細毛。

剪取初開的花序乾燥後的小米，姿態十分美觀。

小米細小的花及開始發育的種子。

| 果實特色 |

果穗呈下垂狀，長 20-30 公分。小穗簇
生，有短刺毛。穎果稃殼有白、紅、黃、
黑、橙、紫等不同顏色，俗稱「粟有五
彩」。種子呈卵球形，種粒小，脫去稃
殼為黃色。

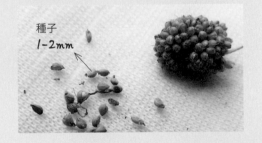

種子
1-2mm

草本 — 禾本科

穎果 — 無毒

───── USAGE ─────

小米是原住民主食之一，能蒸
煮熬粥、釀酒、製成糕餅點心。
在民俗上，原住民將小米視為
神聖的作物，有專為祭祀栽種
的品種，做為祈福之用。許多
宗教慶典上也會使用小米，尤
其是以小米釀製的小米酒更是
慶典上重要的祭品。

高粱

二色高粱、蜀黍、荻粱、烏禾

Sorghum bicolor subsp. *bicolor*

英文名	Sorghum、Great Millet
株　高	1-3 公尺
結果期	夏 - 秋季
落果期	秋 - 冬季
用　途	食用

高粱澱粉含量高，適合釀製白酒，以金門高粱酒最為知名。性喜溫暖、耐旱、耐淹水，為重要的旱田作物，栽培期間只需澆灌一次，其餘仰賴自然雨水即可，近來推廣種植於雲林縣高鐵沿線，取代傳統較好水的作物，如花生或蒜頭，以減少地下水灌溉，延緩地層下陷的隱憂。高粱也可做麵類製品，或類似爆米花及粥類的食品。在塑膠製品不發達的年代，使用帚用品種，以果穗集合製作成掃帚，成為清潔工具，另有供製糖及飼料的品種。

| 果實特色 |

花序開放於莖梢頂端，花穗長可達 30 公分左右。小花穗輪狀分枝組成，成對開花、花後結果。穎果有紅、白、褐等不同顏色。

種子
2mm

1. 圓錐花序開放在枝梢頂端。2. 高粱的果穗為小果穗集合而成。

濱刺麥

濱刺草、貓鼠刺、老鼠芳、大號刺球

Spinifex littoreus (Burm. f.) Merr.

英文名　Littoral Spinegrass
株　高　30-100 公分
結果期　夏季
落果期　夏 - 秋季
用　途　濱海固沙植物

廣泛分布於全台濱海沙丘地，包含外島澎湖、綠島及蘭嶼，只要在沙岸看見它，必定會對它尖刺的外型留下印象。多年生草本，稈剛硬，節間粉白色。葉片為尖銳針狀，彎曲內捲；葉鞘稍大且重疊；葉舌由一圈毛所成，於盛夏開花。雌雄異株；雄性小穗排成穗形狀穗狀花序，外觀像麥子而得名；雌性小穗排成球形頭狀花序。植株耐鹽性高，常見生長在潮線的附近沙質地，因其地下走莖及鬚根發達，植株之稈平鋪地面，是能防海浪沖刷的良好海濱固砂植物。

葉與花穗先端均具有針刺的性狀。照片提供／蔡佳容

| 果實特色 |

種子成熟後，雌株上的果實即脫離母株，刺球狀穎果質地輕盈、隨風滾動，所經之處種子沿途掉落散布，著地後容易定植成株，完成傳播。

草本　禾本科

穎果　無毒

玉米

番麥、玉蜀黍

Zea mays L.

英文名 － Corn、Maize
株　高 － 1-3 公尺
結果期 － 四季
落果期 － 四季
用　途 － 食用、飼料

玉米位居糧食作物的前三名之一，種植約 2-3 個月即可收成，除了做為主食之外，同為重要的飼料作物。某些品種如全株採收的青割玉米，連莖帶葉切斷，經輕微發酵可做為芻料，用來餵養乳牛，有助於提高泌乳產量與品質。爆裂種玉米則被用作爆米花的原料，或經加工製成各式零食。糖分含量較高的品種，如：甜玉米及玉米筍則適合新鮮煮食。此外，玉米澱粉不僅用於製作各類麵製品，還可做為汙生性的加工材料，如乙醇、糖漿、膠囊以及藥丸的填充材料。

雌花穗－圓柱狀的穗狀花序，玉米鬚為其花柱及柱頭，每一根玉米鬚為一個子房，能結一顆種子。在某些品種，可見到雌雄同花的特殊狀態。

| 果實特色 |

果穗外被總苞所覆蓋，由數枚苞片包覆而成，穗軸粗大。單顆穎果為圓形或近乎球形。成熟後集合成為聚合果，果形受擠壓呈扁平或短扇形狀。穎果裸露穗軸上，視品種而定常見為黃色或白色。玉米果穗的成熟度可經由玉米鬚乾燥的狀態判定，一般而言，當玉米鬚變黑乾燥時即成熟，可再以手指按壓果穗末端，協助判定穎果的飽滿程度，適時採收。

雄花穗－圓錐花序開在枝梢頂端。

當玉米鬚乾燥時，即為鮮食用糯玉米及甜玉米的採收時機。

擠壓呈扁平或短扇形的種子，視品種大小約 **0.5-1cm**

果穗視品種而定，長度約 **20-25cm**

玉米苞片乾燥後，還能染色做為編織及童玩素材，例如製作玉米苞葉娃娃，相傳還有守護小孩及牲畜的傳說。此外，玉米鬚也是有趣的童玩，隨手編出可愛的玉米馬尾辮，還可以採集玉米鬚製成龍鬚米用於保健。

寶石玉米　新品種

Z. mays var. glass gem /
Z. mays 'Glass Gem'

英名 Glass Gem Corn，為爆裂種玉米，質地堅硬，栽種主要用於觀賞，其色彩繽紛的穎果是由於胚乳含有花青素，並非基因改良的新品種。最早源自於美國俄克拉荷馬州，一位印地安切諾基族的農民，出於對傳統玉米品種的保存熱忱，費盡心思培育出這一獨特的品種。

美麗的寶石玉米有著彩虹的顏色，須等到果穗完全乾燥後再採收。可整穗乾燥收藏或綁掛裝飾。

小麥

麥仔、烏蜀黍

Triticum aestivum L.

英文名　Wheat
株　高　80-100 公分
結果期　冬季
落果期　春季
用　途　食用、飼料、燃料

小麥為糧食作物的前三名，區分為春小麥和冬小麥兩大類。台灣種植以冬小麥為主，可於秋季播種，經過冬季於次年春末夏初收成，以台中市大雅區種植最多。小麥富含澱粉、蛋白質、脂肪、礦物質、鈣、鐵、硫胺素、核黃素、菸鹼酸等營養成分，也能做為飼料。磨製為麵粉後，再加工製作成麵包、饅頭、餅乾、蛋糕、麵條等各類製品。發酵後能製成啤酒、酒精、伏特加，還可做為生質燃料。

上午時段可觀察小麥開花，穎片張開以便雄花伸出釋出花粉。

| 果實特色 |

每一小穗結穎果 2 顆。為淡褐色之橢圓、卵圓形種子，頂端有細毛（果毛或冠毛）。種子側具有溝，稱為腹溝，腹溝兩側隆起處稱為果頰。

複穗狀花序長約 12-15cm

種子約 3-4mm

USAGE

麥穗的紋飾於 18 世紀廣泛運用在首飾，如冠冕和胸針，以及各類鋼印及印徽上，象徵豐收的意思。全株還能做為鋪設屋頂的覆蓋物材料；其莖稈還能用於編織和造紙等。乾燥的麥穗貯放得宜也能長久觀賞，或運用於各類種子手工藝創作的材料。

台灣百合

高砂百合、野百合、山蒜頭、野百合

Lilium formosanum

英文名　Taiwan Lily
株　高　30-120 公分
結果期　春 - 夏季
落果期　夏 - 秋季（隨著海拔不同）
用　途　食用、景觀美化

同種異名 *Lilium longiflorum* var. *formosanum*。適應性強，分布極廣，從北部到南部、海岸到高海拔3,000 公尺高山都可見，是台灣 4 種原生百合之一。台灣魯凱族將它視為聖花，常見於婚禮等重要節慶場合。魯凱語稱為「bariangalay」，相傳台灣百合花是巴冷公主，為守護族人嫁給百步蛇王後的化身。因種子量大，且播種後一年便可開花，在球根花卉中具有早生的特性。可能因育種之需，傳入南半球後，如澳洲常見其生長在路緣荒地等灌木叢間，成為異地的強勢入侵雜草。

照片提供／葛賢敏

花冠喇叭狀有香味，花冠白色帶有紫褐色條紋。單株能開放單朵至數十朵之間。

| 果實特色 |

果實為圓柱形的蒴果，成熟後從頂端裂開，具薄翼之種子遇風飛散傳播。種子扁而薄，數量極多。一個果莢平均種子數達 1,000 粒以上。

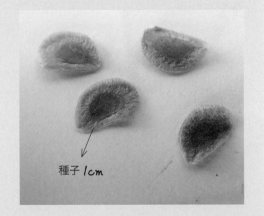

種子 *1cm*

蒴果長度約
8-10cm

草本　｜　百合科　　　蒴果　｜　無毒

─── USAGE ───

做為切花材料或是盆栽、花台等園藝景觀用途。地下鱗莖略帶苦味但具清香，生食或煮食均可。

毛西番蓮

小時計果、野百香果、山木鱉

Passiflora foetida var. *hispida*

英文名　Weed Passion Flower、Hairy Passifolra
株　高　蔓性草本植物，高度不定
結果期　夏季
落果期　夏季
用　途　食用

二年至多年生蔓性草本植物，莖蔓生且密生粗毛，全株散發出特殊的氣味，種小名 *foetida* 即形容它具有臭味。在台灣毛西番蓮是野生的百香果，果實味道甜美可以食用，是許多人童年時期在鄉間的野果記憶。毛西番蓮成熟果實吸引野生鳥類食用，透過牠們傳播種子。

| 果實特色 |

漿果近球形，果實由三枚羽裂狀的苞片包裹著，熟果呈橘黃色；種子近扁卵形，底部較寬，有突尖，近光滑，有黑褐色光澤。

果實
2-3cm

種子
5mm

花瓣 5 枚，副冠呈一環絲狀，基部紫紅色，先端白色。

整顆果實被羽裂狀的苞片包裹。

馬利筋

金鳳花、對葉蓮、水羊角、盞銀臺

Asclepias curassavica L.

英文名　Blood-flower Milkweed、Tropical Milk-weed
株　高　1.5 公尺
結果期　全年
落果期　全年
用　途　食草及蜜源植物

多年生直立草本，基部木質化呈半灌木狀。原產於熱帶美洲，現今遍布全世界熱帶地區，已馴化於台灣中低海拔地區。聚繖花序頂生或腋生，具有長梗，花冠 5 深裂，裂片向上翻捲，除朱紅色品種外，另有黃花品種。副花冠 5 枚，黃或橙色。適合種植於花壇、切花和盆栽栽培觀賞，除以種子播種繁殖之外，春夏季亦可剪取枝條扦插。馬利筋全株有毒，白色乳汁的毒性最大，但卻是許多蝴蝶重要食草及蜜源植物。尤以樺斑蝶幼蟲最喜愛覓食。

細看花朵上黃色的部位，為夾竹桃科蘿藦亞科植物特徵－副花冠的構造。

| 果實特色 |

果實為紡錘狀或圓柱形蓇葖果，成熟後會裂開，內有多數淺褐色到棕色種子；種子扁平狀長橢圓形；被白色髮狀軟質冠毛，當果實開裂時，便能隨風飛行傳播。

蓇葖果狀似ㄚ字，果實 5~8cm

種子（不含冠毛）6-8mm

雞母珠

相思子、紅珠木

Abrus precatorius L.

英文名	Love Pea、Rosary Pea
株　高	攀緣植物，高度不定
結果期	夏 - 秋季
落果期	秋 - 冬季
用　途	乾燥果材

英名 Love Pea、Rosary Pea 指的是可做成念珠的豆子。分布在中南部及東部低海拔山區，屬落葉性蔓性多年生草本，夏秋季開花，花多數，腋生總狀花序；花冠為淡紫色，相當小巧可愛。果成熟時得趁東北季風雨季來臨前採收，避免淋雨後容易發霉無法使用。收集成熟後的果莢可晒乾收藏，種子發芽率高，但幼葉易被蝸牛食用殆盡，讓愛好栽培者相當苦惱。

1. 羽狀複葉，讓藤蔓更添飄逸。2. 每一朵花都會發育成一個果莢，總狀花序結果後成串的掛在葉腋間。

1

2

| 果實特色 |

莢果呈長橢圓形，當豆莢成熟時會自動開裂，內含 3-6 粒鮮紅色種子，並在種臍處帶有黑色斑塊，形狀類似瓢蟲，深受種子愛好者的喜愛。然而這些鮮豔的種子含有毒性成分，要特別注意。

果莢長
2.3-2.6cm

種子約 5mm

USAGE

儘管其種子含有毒蛋白，但莖和葉卻是無毒的，可入茶增添香氣。亮眼的種子，也時常應用於種子創作。

以雞母珠為種子創作的點睛素材。

關刀豆

紅鳳豆、海刀豆、魔豆、關公豆

Canavalia gladiata

英文名　Jack Bean、Sword Bean、Wonder Bean
株　高　草質藤本植物，高度不限
結果期　夏季
落果期　秋季
用　途　食用、趣味種子盆栽

分布於熱帶美洲，自美國引進做為綠肥作物，種小名 *ensiformis* 意指劍形的果莢，為一年生半直立纏繞草質藤本植物。其種子外層堅硬，發芽時長出一對肥大的子葉，模樣逗趣可愛，因此市面上常見以商品「魔豆」販售或在種皮上利用鐳射雕刻祝福話語，並深入子葉表面上，發芽時便能看見祝福的話語日漸生長；更有將其製成易開罐裝的商品販售，開罐即可澆水做趣味栽培。

關刀豆的花色粉嫩雅緻。

| 果實特色 |

莢果大且扁硬，略彎曲，邊緣有隆脊，先端彎曲成鉤狀。種子為橢圓形，粉紅色或紅色，種臍約佔全長的 3/4，扁平而光滑。

種子
2.5-3cm

果莢
30-35cm

--- USAGE ---

種子用來煮湯或蒸煮食用，俗稱紅鳳豆，口感像菱角。嫩莢味道鮮美，營養豐富，可清炒、製作醬菜，是出口蔬菜之一。

大豆

黃豆、毛豆、白豆、青豆、黑豆

Glycine max (L.) Merr.

英文名	Soybean
株　高	80-100 公分
結果期	冬季
落果期	春季
用　途	食用、飼料、燃料

一年生草本，莖直立或半蔓生，全株被有褐色或灰色的細毛。大豆又依其種皮的顏色另名為黃豆、黑豆、青皮豆等。台灣秋作於春天採收，夏作則於秋季採收，在中南部有大面積栽培。在莢果尚未成熟時採收食用者稱為毛豆。乾燥後，種子漸漸脫水變小、變硬，稱為大豆。國際間積極推廣食用豆類以取代葷食，旨在透過減少肉類的生產，達到環保永續目標。

因莢果上都有毛，又稱為毛豆。

| 果實特色 |

長方披針形的莢果，外覆黃色硬毛。種子為卵圓形或接近球形。

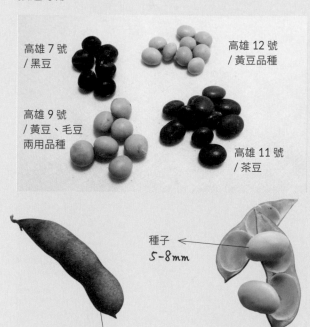

高雄 7 號
/ 黑豆

高雄 12 號
/ 黃豆品種

高雄 9 號
/ 黃豆、毛豆
兩用品種

高雄 11 號
/ 茶豆

種子
5-8mm

長斜方形的
莢果約 5-7cm

種皮（外殼）堅硬
能防水，用以保護
內部的胚及子葉。

--- USAGE ---

大豆種子內含豐富的蛋白質，能媲美肉類食物，又有「田裡的肉」的美名，為蔬食者重要的蛋白質來源。除了食用、加工及醃製等大量的用途早融入在我們日常生活中。近年著重在養生食品的開發，更以異黃酮萃取水解，製成保健食品。

蠶豆

胡豆、馬齒豆、佛豆、羅漢豆

Vicia faba L.

英文名　Broad Bean、Faba Bean、Horse Bean
株　高　80-120 公分
結果期　秋季
落果期　冬季
用　途　食用、飼料

一年生草本植物，成株果莢成熟後，略呈倒伏狀。
據傳，蠶豆於西漢時張騫出使西域時期傳入中國，
得名「胡豆」。明朝李時珍指出「豆莢狀如老蠶」
故名蠶豆。多數的豆科植物都喜好暖季，蠶豆卻
耐寒又耐鹽，能在低溫季節栽培，適合於沿海地
區含鹽分較高的土地上栽種，如雲林北港一帶，
於秋冬季花開時節，成為良好的蜜源植物。

花序開放在植株上半部的葉腋間。花為標準的
蝶形花。

| 果實特色 |

莢果肥厚，約 8-10 公分，被有細毛。種
子淺褐或褐色，形狀呈橢圓扁平，有如
馬齒，因此又名馬齒豆。

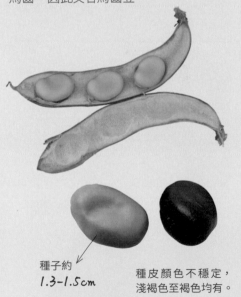

種子約
1.3-1.5cm

種皮顏色不穩定，
淺褐色至褐色均有。

USAGE

新鮮幼嫩的蠶豆，能做蔬菜煮湯或
炒食；成熟後的蠶豆經油炸即為蠶
豆酥。另小粒種蠶豆可供做飼料餵
養動物，提供蛋白質的來源。

草本 ｜ 豆科

莢果 ｜ 無毒

馬尼拉麻蕉

馬尼拉麻、蕉麻、宿務麻、達沃麻

Musa textilis

英文名　Abaca Fiber、Manila Hemp
株　高　4-8 公尺
結果期　冬 - 春季
落果期　春 - 夏季
用　途　食用、纖維編織、造紙

因菲律賓為最大生產國，以呂宋島和棉蘭老島為產地，於馬尼拉港出口，得名馬尼拉麻。但它不是麻，而是一種芭蕉，果實亦能食用，有種子。為多年生草本，生長快速，栽種滿一年半即已成熟，但 2-3 年待晚熟後再採收，纖維質地更佳且更為強韌。纖維具有防紫外線、抗菌、調濕、透氣、消臭的效果，是重要的再生資源。

1. 大型的葉片具長柄，偽莖直立而柔軟。2. 冬季花開時，也為蜜源植物；紫色苞片上有白色蠟質粉末。

｜果實特色｜

彎曲型的漿果，微具有 3 稜。含黑色陀螺狀或多稜形的黑色種子。

漿果 9-10cm

種子 3-5mm

USAGE

葉柄及葉鞘內富有纖維，細長、堅韌、質輕，在早年用於製作帽子、草鞋、草蓆以及編織衣物。因其耐海水浸泡、不易腐爛，為漁網和船用纜繩的優質材料，近年則用於造紙，是常見的濾紙材料之一。

美人蕉

蓮蕉、蕉藕、旱藕、藕仔薯

Canna indica L.

英文名　Canna、Canna Lily
株　高　80-150 公分
結果期　全年
落果期　全年
用　途　景觀美化、食用、染料、造紙、手作

相傳，美人蕉是由佛陀腳趾的血幻化而來，更有一說是霸王別姬中虞姬的化身。多年生草本植物，穗狀花序開放在頂生的花軸及花序上，花色有紅、黃、橙紅、白色等，除單色外也有雙色品種，部分栽培品種具有香氣。現今美人蕉有觀花及觀葉的園藝品種，廣泛運用於庭園綠美化。美洲原住民則長期種植做為小型糧食，根部塊莖富含澱粉以及多種營養成分。

| 果實特色 |

果實呈卵狀長圓形，具小軟刺，未熟為青綠色，熟後變為黑色；有種子 5-15 粒，呈黑色圓形。

果實 3-4cm

種子 0.5cm

蒴果開裂的樣子。

USAGE

常見栽培於南投集集一帶，取其根莖為優良的澱粉來源，可製成粉絲或狀元糕等食品。莖與葉可做動物的飼料；嫩莖還做蔬菜食用。成熟的種子堅硬，可串成項鏈等飾品。另以其種子為素材，製作砂球等傳統樂器。如以種子做為染料，能染出紫色的色調。

葉片的採收適期於花後，於秋或夏末剪取葉片，去除外部表皮後，泡水近 2 個小時再經由 24 時煮製，利用果汁機絞碎其纖維後，成為美人蕉紙漿，再使用其纖維抄製，乾燥後即可造紙。

常見紅花品種中，細找有分綠梗與紅梗品種，紅梗的結紅色蒴果；綠梗的結綠色蒴果。

苦蘵
酸漿、炮仔草、博仔草、燈籠草

Physalis angulata

英文名 　Cut-leaf Ground Berry、
　　　　Annual Ground Berry、
　　　　Lance-leaf Ground Berry
株　高　30-80 公分
結果期　冬 - 春季
落果期　春 - 夏季
用　途　食用、童玩植物

茄科酸漿屬原產於暖帶及溫帶地區約有
100 種以上，大部分原產於美洲大陸，台
灣只有苦蘵這一種，分布於全島低海拔之
荒野地、田間及廢棄農田。屬名 *Physalis*
由希臘文 physa（膀胱）和 oura（尾）結
合而來，意指其果實形狀與膀胱相似。

1. 全株被有細毛。2. 花下垂，開放在葉腋處。花瓣合生，像件
小花裙。

| 果實特色 |

果實為球形漿果，包圍在黃綠色燈籠
狀的萼中，宿存萼在花謝後漸增大，
膨大如燈籠具 5 稜，綠色，被細毛。

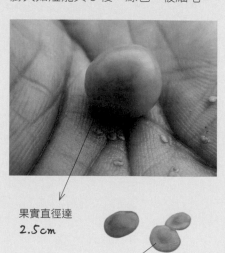

果實直徑達
2.5cm

種子包埋在果肉中
約 1-2mm

嫩葉及果實可食。酸漿果實外圍宿存萼片形成的囊狀物，經拍打後會產生「po」的聲音，得名炮仔草、博仔草，是有趣的童玩植物。台灣近年引入秘魯苦蘵（秘魯酸漿）*Physalis peruviana* L.，栽培做為季節性果蔬，外觀與苦蘵相似，株高可達 80-100 公分，其花形與果實都較原生的苦蘵碩大。商品名稱為「黃金莓」，日本人視它為養生水果，春夏季有機會在超市購得。

上 - 秘魯酸漿的花，下 - 苦蘵的花相對較小，且花瓣內緣的斑紋色彩較淡。

秘魯酸漿的果實碩大，約有 4 指幅寬。

黃水茄

黃果珊瑚、野茄、丁茄、黃天茄

Solanum undatum

英文名　Thorn apple、Bitter Apple、Bitterball and Bitter Tomato
株　高　草本或亞灌木，高度不定
結果期　夏季
落果期　夏 - 秋季
用　途　藥用

全株密布星狀毛。

台灣常見分布在南部、東部平地及荒野地等，為有刺的大型草本或亞灌木。根據醫學文獻記載，黃水茄雖為草藥亦是食用茄子的野生祖先。民俗用途常用以治療肝炎及肝硬化，但不宜過量服用，否則會有中毒現象，甚至死亡，需經醫師評估後再行使用。

| 果實特色 |

漿果球形，熟時黃色，表面光滑，直徑 2-3cm，基部宿存萼具刺。

果實 2-3cm

辣椒

番仔薑、紅辣椒、番椒、長辣椒

Capsicum annuum

英文名　Pepper、Chille
株　高　40-120 公分
結果期　春 - 夏季
落果期　夏 - 秋季
用　途　食用、觀賞盆栽

原產於中南美洲之墨西哥、哥倫比亞、秘魯一帶，現為全世界各地普遍栽培的香料作物之一。台灣低海拔地區皆適合栽培，於秋天或春天播種種植，株高視栽培品種不定，全株光滑無毛，分枝多。白色的鐘形花單朵或 2-3 朵簇生開放於葉腋間。

經長期人為育種選拔後的觀賞辣椒，果色及果形的變化豐富，也是常見的盆栽商品。

1. 秘魯辣椒品種，果實下垂。2. 辣椒多半為下垂，向上生長的品種以朝天椒稱之。

| 果實特色 |

果形多變，常見以狹圓錐形，呈下垂狀，但觀賞型的辣椒則向上生長。未熟時綠色，成熟後轉為朱紅色或各種顏色，具光澤，內有扁腎形白色或淡黃色種子。

扁腎形種子
2-4mm

USAGE

辣椒富含維生素 C 和胡蘿蔔素、維生素 B6，及鉀、鎂和鐵等成分，不僅刺激味蕾，還能為菜餚增添色彩。如不嗜辣味，可選擇菜椒，如：青龍椒、糯米椒等，僅有香氣而辣味並不明顯。此外，可刮除種子以及含有辣味的白色辣囊再行料理便能降低辣度。

普刺特草

銅錘玉帶草、老鼠拉稱錘(台語)

Lobelia nummularia

英文名　Pratia
株　高　具匍匐性，株高約 10 公分以下
結果期　夏季
落果期　夏季
用　途　園藝盆栽

種小名 *nummularia* 意指像錢幣一樣的葉子。台灣常見生長於中高海拔的山坡、路邊、林下陰濕處。多年生匍匐性草本植物，莖纖細，略呈四稜形，綠紫色，有細柔毛，節處生不定根。夏季開淡紫色小花，單生於葉腋。春、秋季為繁殖適期，匍匐性生長的莖節上易生根，可剪取莖段進行扦插繁殖。

整片花開及結果時，具有觀賞價值，近年推廣做為園藝栽培或地被植物。

| 果實特色 |

長橢圓形漿果，未熟果綠色，成熟後轉成紫紅色，宛如小葡萄，嚐起來的口感像蓮霧。萼齒宿存，因此可以在漿果上見到原來的小花萼。內含眾多細小的扁卵圓形褐色種子。

果實約 1.5~2cm

內含褐色細小種子。

——— USAGE ———

為質地細緻的原生地被植物，紫色的果實觀賞性高，適合推廣培育做為小品觀賞盆栽。熟果可食用，行經野地時不妨嚐一嚐那野趣的滋味。

山牻牛兒苗

野生老鸛草、山香葉草、台灣香葉草

Geranium suzukii

株　高　具匍匐性，株高約 10-30 公分
結果期　春 - 夏季
落果期　夏 - 秋季

台灣特有種。分布於中海拔 2,500 公尺山區，偶見於中央山脈之草地、林邊、路旁等地，相較於同屬植物早田氏香葉草，較喜愛生長在相對潮溼的環境。多年生草本，莖細長具匍匐性，全株被毛。基生葉簇生，葉片廣圓形，呈掌狀，被軟毛，裂片先端銳尖，不整狀鋸齒緣。

花單一，腋生，花冠白色或帶粉紅色，花瓣 5 片。

| 果實特色 |

屬名 *Geranium* 意指具有鳥嘴狀的果實，果實為蒴果，大小約 1.2-2cm，具長喙狀突起。5 裂，每個裂片開裂且呈螺旋狀捲曲，猶如捲曲的鬍子，而在開裂時會產生彈力，將種子傳播出去，種子被毛，為自主傳播的植物。

果實 1.2-2cm

倒地鈴

風船葛、泡泡草、燈籠草

Cardiospermum halicacabum L.

英文名　蔓性草本植物，高度不定
結果期　夏 - 秋季
落果期　秋 - 冬季
用　途　棚架景觀植物、乾燥果材、種子手作

屬名 *Cardiospermum* 即是由希臘文的 kardia（心臟）與 sperma（種子）所組合成，意指種子中間的白色愛心圖案。在日本被稱為風船葛（フウセンカズラ），日文「風船」指氣球，形容果實澎脹如氣囊像是一顆顆的氣球。在美國及紐西蘭將其列為強勢的入侵種雜草；台灣平地荒野幾乎都可發現蹤影。花梗上第一對分枝特化成的卷鬚，纏繞攀爬於其他植物上，長可達好幾公尺。

| 果實特色 |

蒴果為倒卵形，具三稜角。果皮會從綠色慢慢帶點紅色，將果實剝開會有 2-3 顆圓珠狀黑色種子，胎座剝落後，遺留白色心形圖案，也有人形容像一張張猴子的臉。

蒴果 3-3.5cm

種子 0.5cm

USAGE

適合做為棚架植物，觀賞價值高。膨膨的蒴果及種子表面上烙印的愛心，深受種子迷喜愛。如要利用倒地鈴黑色愛心種子點綴作品，建議採取果皮呈乾枯狀且已經成熟轉黑色的種子，避免日後乾扁無法使用。

作品設計 / 花蓮富源國小賴木蘭主任

將藤蔓捲繞成藤圈，穿插鮮綠色或帶有紅色的蒴果，新鮮又或晒乾各具風情。

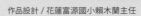

作品設計 / 張維玲

大花咸豐草
白花咸豐草、白花婆婆針、恰查某

Bidens pilosa var. radiata

英文名 Beggarticks、Black Jack、Burr Marigolds
株　高 30-100 公分
結果期 全年
落果期 全年
用　途 蜜源植物、童玩植物、青草藥

同種異學名 *Bidens alba radiata*。大花咸豐草遍布全台各地，台灣另有兩種近似的原生植物：鬼針草及咸豐草兩種，後來在民國 67 年由養蜂人自琉球引進大花咸豐草做為養蜂的蜜源植物，也因此造成其他兩種植物棲地的競爭，在野地裡已不常見鬼針草及咸豐草。大花咸豐草其特徵在於「大花」二字，有白色舌狀花 4-8 枚，管狀花兩性、黃色五裂，柱頭兩分歧。

大花咸豐草成為野地裡最常見的地被植物，全年都可見花開。百花蜜便是以蜜蜂採集大花咸豐草所釀成的蜜。

| 果實特色 |

略扁呈條形、黑色瘦果，具稜，上部具稀疏瘤狀突起及剛毛，頂端芒刺 3-4 枚，長 1.5-2.5mm，具倒刺毛，藉以附著人畜，有助於果實的散佈。

──── USAGE ────

除做為蜜源植物外，嫩葉可做為野蔬料理食用，也是重要的青草茶原料之一。大花咸豐草水萃液含有豐富黃酮類與酚酸類物質，為極佳的抗氧化與抗發炎成分。

扁條形黑色瘦果
長 7-13mm
寬約 1mm

向日葵

太陽花、向陽花、朝陽花、日頭花

Helianthus annuus L.

英文名	Sunflower
株　高	1-3 公尺
結果期	春 - 夏季
落果期	夏 - 秋季
用　途	食用、榨油、飼料、切花、景觀綠肥

正如其英文名 Sunflower 所示，因花序隨著太陽轉動而得名。轉動的原因在於陽光照射面的花梗或嫩莖部位因溫度較高，導致細胞生長速度較慢，背陽面則生長速度較快，造成隨著太陽轉動的現象。當花序發育成熟或開始結果後，這種向陽轉動的現象就消失了。在台灣中南部有零星栽培生產之外，現各地花海節活動或休閒農場，常大面積種植向日葵做為景點宣傳。

1. 初開的向日葵，花莖幼嫩對光線敏感，會隨光線轉動。圓盤狀頭狀花序，視品不同大小不一，直徑在 10-30cm 左右。
2. 當花瓣凋謝後，中間的圓盤就會結出果實，再經過採收、乾燥等步驟，即可製成零嘴葵花子。

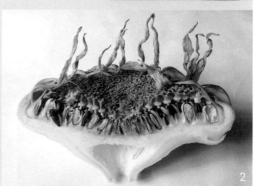

| 果實特色 |

灰色或黑色的倒卵形瘦果，具細肋紋及柔毛。冠毛早期脫落並不明顯。

果實 ↓
1-3cm

種子 ↘
1-2.5cm

USAGE

現行的栽培品種極多，主要有：1. 油用向日葵，生產種子以榨油之用。2. 食用或寵物飼料用向日葵，其種實較大，殼厚及產量高。3. 觀賞用向日葵，常見重瓣、特殊花色或矮性品種，用於切花、盆花生產，以及花海景觀；近年亦做為景觀綠肥使用，除了提供土壤有機質外，還含有豐富的氮、磷、鉀、鈣、鎂等營養成分。

兔兒菜

中華苦蕒菜、英仔草、兔仔菜、小金英

Ixeris chinensis

英文名　Chinese Ixeris、Rabbit Milk Weed
株　高　30-60 公分
結果期　冬 - 春季
落果期　春 - 夏季
用　途　食用野菜、青草藥

多年生草本植物，全株無毛，台灣全島的
平地、山地、高山，甚至是平野的廢耕地
均有它的蹤跡。在冬春季節，它和黃鵪菜
都是常見的野花植物，兩者外觀相似。由
於這種植物適合做為兔子的最佳飼料，因
而得名兔兒菜或兔仔菜。

兔兒菜有微鋸齒狀葉緣，花莖自莖頂抽出，分枝
明顯，叢生狀。

｜ 果實特色 ｜

狹披針形瘦果，有長長的喙，上方著生張開的白色冠
毛，藉風力傳播種子。紅棕色種子表面有縱稜線。

瘦果有長喙。

種子約
3-4mm

USAGE

常被用作中藥藥材，具止瀉消腫、活
血等功能，兔兒菜全年均可採摘，拔
取全草洗淨，鮮用或晒乾用，為常見
青草茶或苦茶的原料之一。可為野菜
食用，但摘取嫩芽及未開花前為佳。

台灣蒲公英

地丁、黃花地丁、金簪草、滿地金

Taraxacum formosanum Kitamura

英文名　Mongolian Dandelion
株　高　20-30 公尺
結果期　冬 - 春季
落果期　春 - 夏季
用　途　食用野菜、染料

台灣常見分布在中、北部濱海地區，尤其是生長在海岸砂地，北部的行道樹及公園綠地於冬春季亦常見踪跡。多年生草本植物，葉片具短柄或幾近無葉柄，密集平舖地面或斜上生長。頭狀花序自莖頂中央抽出，花色黃。具有深根性，定砂效果良好，能做為海岸地區的護坡植物。除了播種栽培之外，也是少數能以根為插穗，扦插成活的植物。

未開花時整株平貼於地面上。進入花期後可於心部中央看見花芽開始抽穗。蒲公英在夏天是很令人注目的存在。

| 果實特色 |

長橢圓形的褐色瘦果，具有長喙（指白色冠毛下方長梗狀的結構），成熟時呈球狀，藉風力傳播。

瘦果約
2-3mm

喙長
約 5-6mm

USAGE

蒲公英可運用於野蔬料理，其嫩莖葉、幼苗、花蕾及根部可供食用。肥大的主根則可做為染材，能染出洋紅色的色調。近年來，也將其乾燥帶有冠毛的球狀瘦果，用於製作乾燥花材以及樹脂標本或飾品。

草本 ｜ 菊科　　瘦果 ｜ 無毒

黃鵪菜
山菠薐、山飛龍、山芥菜、山刈菜

Youngia japonica subsp. *japonica*

英文名　Oriental Hawksbeard、Asiatic Hawksbeard
株　高　30-120 公分
結果期　冬 - 春季
落果期　春 - 夏季
用　途　食用野菜

世界各地廣泛分布，同時也是台灣分布最多的菊科植物之一，平地至中海拔山區之荒地、林緣、路旁、農地均有其踪跡，為春天常見的野花。一年生或二年生草本植物，全株被軟毛、有乳汁，根據生長環境，株高變化很大，若長在石縫中或經常刈草的草地上，株型相對較小。葉子形狀如縮小版菠菜葉，台語稱之為「山菠薐」，極有可能因口耳相傳誤解後又名「山飛龍」。

果實特色

淺褐色的扁紡錘狀瘦果具有白色冠毛，能藉風力傳播。種子表面有縱向溝紋。

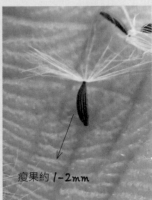

瘦果約 1-2mm

具有冠毛的瘦果成熟後，以球狀分布於花托上。

1. 與近似種兔兒草相似，花形較小外，黃鵪菜的花梗分枝不明顯，分枝多於上位頂端。2. 長在石縫中的株型相對較小。

USAGE

可做為野蔬料理，但具乳汁有苦味，食用前可以鹽水浸泡，或以熱水汆燙去除苦味後，再進行後續的料理作業。

菱角

烏菱、紅菱、龍角、水花生

Trapa natans L.

英文名	Water Caltrop、Water Chestnut
株　高	60-100 公分
結果期	夏季
落果期	秋 - 冬季
用　途	食用、染料、製成生物炭

一年生草本的浮葉型水生植物，植株的高度視水深度而定，能生長到數公尺以上，但受限於栽培水池深度，較常見在 60-100 公分之間。春夏季播種至採收約需 3 個月的生長期，並在 9-11 月間盛產菱角，台灣以台南縣官田鄉栽培面積最廣。初期萌發時，沈水葉為羽狀，逐漸長成帶有氣囊狀結構的菱形浮葉。由於口感與栗子類似，又被稱為「水栗子」。還有一首歌謠「採紅菱」，生動描寫農家採摘菱角的情景。

｜果實特色｜

菱角為堅果，視品種不同，有薄薄的黑綠或深紅色外果皮，內果皮則為厚革質灰褐色。果實為扁倒三角形，兩端角狀，先端銳尖。果角由花萼發育而成，多為兩角或四角者，亦有無角品種。

4-6cm

煮熟後去除柔軟外果皮，露出灰褐色堅硬的內果皮。

果肉富含澱粉。

USAGE

食用菱角的歷史相當悠久，也是極佳的染材，煮製菱角的湯汁，可以染出紫色的調性。近年來，台南官田地區，將菱角晒乾、粉碎後，再燒製成炭，製成生物炭埋入土中，能改善土質、減少肥料使用之外，製成的生物炭使用於菱角田還能淨化水質，有封存二氧化碳等功效。

1. 深綠色、菱狀呈三角形葉，基部廣鈍形，先端急尖或突尖。
2. 葉柄中空具有氣囊構造，以利植株漂浮於水面上。

黃花酢漿草

鹽酸草、酸味草、三葉酸

Oxalis corniculata L.

英文名　Creeping Oxalis
株　高　10-20 公分
結果期　全年
落果期　全年
用　途　地被植物

屬名 *Oxalis* 意指葉子有酸味；種小名 *Corniculata* 則為角錐狀的意思，意指果實為角狀。分布於低海拔平地至中海拔，包括離島地區，為常見的地被植物。酢漿草是多年生匍匐草本植物，莖橫臥地面，被疏柔毛，在節上生根；複葉具小葉三枚，呈倒心形。幾乎全年開花，尤其在春季盛花。有獨特的睡眠運動，入夜時小葉會下垂，宛如進入「睡眠」狀態。繁殖方式為收集種子播種，或以匍匐莖扦插。

小蒴果有如微型的黃秋葵。成熟時會略呈半透明，可看見裡頭紅褐色的小種子。

｜果實特色｜

果實為蒴果，形狀像縮小版的黃秋葵果實，具 5 稜、縱裂，內含大量種子。蒴果成熟時，會像機關槍一樣，將褐色的種子彈射出去，屬於典型的自力傳播。

果實
0.5-2.5cm

種子小於
1mm

成熟後輕觸，蒴果開裂，白色種瓣協助將種子向外彈出。

紅褐色的種子細小，細看表面有皺紋。

USAGE

對環境及光線的適應性佳，能做為地被植物栽培，或做為小品盆栽及雜草盆栽欣賞。酢漿草也是沖繩小灰蝶幼蟲的食草。

株型迷你，生成地被細緻可愛，鮮黃色的小花格外亮眼。

紫花酢漿草

Oxalis corymbosa DC.

與黃花酢漿草一樣為泛世界性分布的地被植物。在台灣分布環境與黃花酢漿草重疊，花期冬春季，但它不易結果。紫花酢漿草的莖葉及花朵可食，能做為野蔬料理中酸味的來源，為長輩們口中的「鹽酸草」。在野外踏青郊遊時，取食紫花酢漿草的葉柄，酸酸的還有生津止渴的功效。

植株由多數小鱗莖聚合生長，鱗莖有褐色鱗片，具有3條縱稜。

紫花酢漿草覆蓋性佳，洋紅色的花朵具觀賞性，可做為景觀地被植物。

雙輪瓜
壽瓜、壽斑瓜、花瓜、野西瓜

Diplocyclos palmatus

英文名 Native Bryony、Striped Cucumber、
　　　 Lollipop Climber
株　高 蔓性草本植物，高度不定
結果期 春 - 夏季
落果期 夏 - 秋季
用　途 遮蔭、花藝素材

屬名 *Diplocyclos* 意指該植物有雙重圓輪的白色條紋，種小名 *palmatus* 則強調了本種掌狀葉的特徵。雙輪瓜是蔓性植物，細長的莖有稜角，卷鬚二分岔。單葉，互生，帶有葉柄，掌狀 5 深裂，兩面粗糙。雌雄同株異花，雌雄花常各數朵簇生於同一葉腋。果實因為含有葫蘆素 Cucurbitacin 與皂素 Saponin 成分而具毒性，會引發頭痛、嘔吐、腹瀉，甚至可能致命，應避免食用。

| 果實特色 |

漿果呈球形，單生或 2-3 個簇生，幾乎無柄。初期綠色表皮帶有白色條紋，有如縮小版的西瓜，成熟時轉為紅色，仍保有白色條紋。種子則為卵圓形褐色、扁平狀，中間帶有一環。

1. 雄花。2. 花朵下方有小小瓜的則是雌花。

1

2

托葉形成卷鬚為葫蘆科植物的特徵。

果實
1.5-2.5cm

— USAGE —

在非洲、新幾內亞等地，人們會將雙輪瓜的葉子、幼枝和幼果經適當處理後，當作蔬菜食用。印度的傳統醫學，也會取葉子做為驅蟲藥使用。
雙輪瓜適合栽培應用於陽台鐵窗、花架及圍籬遮蔭。果實造型可愛，修剪帶有果實的藤蔓，也是亮眼的花藝或布置素材。

山苦瓜

野苦瓜

Momordica charantia L. var.
abbreviate Ser.

英文名　Kakorot、Balsampear
株　高　攀緣植物，高度不定
結果期　夏季
落果期　夏季
用　途　食用野菜、製茶

原產於熱帶亞，台灣現已馴化為野生植物，常見於中、低海拔山區、野地、路旁、荒廢地。屬名 *Momordica* 用以形容種子邊緣具有咬蝕狀的邊緣。一年生或多年生蔓性攀緣草本植物，分枝繁茂，蔓具有捲鬚和毛茸，可攀緣，全株具有特殊的臭味，瓜形比栽培種苦瓜小。繁殖以播種為主，適期為春季。

1. 青綠色的蔓與掌狀裂葉，帶來輕盈消暑的感覺。2. 鵝黃色的小花清新脫俗。

| 果實特色 |

果實長卵形或是兩端呈尖嘴狀，表面有疣狀突起及刺狀物，未成熟果皮為綠色，成熟時轉為橘紅色。果熟透後，常自然裂為 3 瓣，內有深紅色假種皮的種子，種子嵌在肉質的假種皮內，呈扁平的橢圓形，兩端具小齒，兩面都有皺紋。

果實 3-8cm

成熟後會開裂，露出紅色種子。

種子具有鮮紅色的假種皮。

褐色種子約 1cm

USAGE

果實內含苦瓜素，雖然帶有苦味，但烹煮後轉成苦甘味，有促進食慾、解渴、清涼、解毒及驅寒的功效，可做為野外求生植物。全株乾後，可供煮茶飲用或加入其他中藥製成即溶式之粉劑茶包，或是將青果切片以高溫烘焙處理，沖泡成苦瓜茶飲用。鄒族人常將其嫩芽當野菜炒食。

草本 ｜ 葫蘆科

漿果 ｜ 無毒

非洲鳳仙花
玻璃翠、蘇丹鳳仙花、勿碰我、洋鳳仙

Impatiens walleriana Hook. f.

英文名　African Touch-me-not、Touch-me-not
株　高　30-70 公分
結果期　冬 - 春季
落果期　春 - 夏季
用　途　花壇、盆花

原產自非洲東部，因花色及觀賞性佳而受到廣泛栽培及引進至世界各地。非洲鳳仙花極適應台灣氣候環境，曾經是花壇上的重要角色，但大量園藝景觀栽培的緣故，逸出後成為在台灣入侵種植物之一。後因露菌病災情嚴重，現在野地族群並不多見。常以一年生草花栽培為主，入夏後生長較差，花色有紅色、深紅、粉紅色、紫紅色、白色等，亦有雙色及重瓣的品種，花期通常在 11 月至隔年 6 月之間。

| 果實特色 |

紡錘形蒴果、兩端較尖，全果平滑無毛。成熟時一觸碰它，就會開裂成 5 片捲曲狀的果瓣，利用捲曲時產生的力量，將為數眾多的褐色種子彈射而出。細看種子表面有著散生瘤狀突起。

1. 栽培的花壇，盛開時可以適度的修剪及施肥，花期能維持半年左右。2. 自力傳播的效果極佳，在母株的四週都能見到小苗。

約 2-3cm
紡錘形肉質蒴果。

約 0.1cm
成熟蒴果開裂產生彈力。褐色種子細小。

───── USAGE ─────

園藝栽培為主。居家栽培應慎選耐露菌病的品種外，更建議栽培重瓣品種，因無法結果，對生態上的衝擊較少。播種以秋播為宜。另剪頂芽扦插繁殖亦可，繁殖速度快。

射干

土知母、扁竹、烏扇、老君扇

Iris domestica

英文名　Blackberry Lily，Leopard Lily
株　高　80-120 公分
結果期　春 - 夏季
落果期　夏 - 秋季
用　途　花藝素材、地被植物

原歸於射干屬 *Belamcanda* 下，是該屬下唯一的一種。2005 年後，因分子生物學證據支持將其納入鳶尾屬 *Iris* 中。多年生草本，花梗自葉際間抽出長約 80 公分的花莖，花色主要是橘黃色，近年也培育出黃、紫、紅色花的品種。花瓣上暗紅色斑點，有如豹紋般排列，得名 Leopard Lily，可譯為「豹斑百合」。此外，因熟果成串有如黑莓，又被稱為 Blackberry Lily，可譯為「黑莓百合」。

射干生性耐旱，對環境適應性佳，花朵上有暗紅色豹紋狀斑點。

黑紫色種子具光澤。

每顆寬約
0.5cm

| 果實特色 |

倒卵形蒴果，常殘存有凋萎的花被。果實成熟時，果瓣會開裂並外翻，中央有直立的果軸。種子圓球形，黑紫色且有光澤，著生在果軸上。

倒卵形蒴果。

3-4cm

── USAGE ──

適合做為園藝觀賞植物，常見於花壇或用作中高型的地被植物，同時也是切花素材。繁殖以種子播種外，還可使用分株法進行繁殖。將嫩果連帶花莖晒乾或倒吊風乾，可供居家佈置。

荷

蓮花、芙蓉、菡萏、芙蕖

Nelumbo nucifera

草本 │ 蓮科

核果 │ 無毒

株　高	30-150 公分
結果期	夏 - 秋季
落果期	秋 - 冬季
用　途	景觀美化、食用、乾燥手作

原產自中國，台灣各地均有栽培，以嘉義、台南為主要產地。為多年水生草本，冬季休眠，具旺盛的地下走莖，稱為蓮藕。葉片表面具蠟質短毛，不沾水；初長出的葉會浮在水面，稱為「荷錢」或「前葉」，其後長出挺出水面的葉，稱為「立葉」。出現立葉後即進入生長旺盛期。視品種單葉高 30-150 公分，每一片葉具有花芽，自底部抽出。花色有白、粉紅、黃、雙色等變化，單瓣、複瓣、重瓣類、千瓣等品種均有。

荷 - 出汙泥不染，文人雅士眼中的四君子之一。

| 果實特色 |

蓮蓬為花托和雌蕊發育而成，為一種果托的構造，內含約 20 粒種子，起初為綠色，成熟後為黑褐色或紫黑色，具有堅韌的種皮。

蓮蓬為果托構造。

種子約
1.5-2cm

USAGE

蓮蓬乾燥後可應用於裝飾或創作，常見乾燥後的蓮蓬噴上金色或銀色的油漆，做為年節豐收意象的布置。

乾燥蓮蓬應用於種子藤圈製作。

虎杖

假川七、土川七、紅三七

Reynoutria japonica Houtt.

英文名　Tiger Stick、Japan Fleece Flower、
　　　　Giant Knotweed
株　高　1-2 公尺
結果期　夏季
落果期　秋季
用　途　民俗藥用、乾燥花

虎杖為陽性植物，常見生長在裸露地、崩壞地或公路
兩旁，是台灣中高海拔地區常見的植物。然而它生性
強健、繁殖力強，被國際自然保護聯盟物種存續委員
會的入侵物種專家小組（ISSG）列入世界百大外來
入侵種。多年生草本，莖有節如杖且有虎斑而得名。
莖粗壯且直立，高度可達 1-2 公尺。葉為卵形或寬卵
形。花單性，雌雄異株，花序呈腋生的密集圓錐花
序，花被白色，開花後長出薄薄的膜狀物。

| 果實特色 |

果實為瘦果，呈三角形、有光澤；成
熟時為黑色或黑褐色，外披有紅色或
粉紅色增大的花被。

果實
2-3mm

USAGE

花序能製作成乾燥花。此外，花
還具有止血、止咳、止痛、抗菌
等民俗用途。

乾燥的虎杖花序。

1. 錐狀花序。2. 台灣的中高海拔常見虎杖成片生長。

小葉藜

小葉灰藋、小葉灰藜、狗尿菜、米菜

Chenopodium serotinum L.

英文名　Small Goosefoot、
　　　　Figleaved Goosefoot、Koakaza
株　高　30-60 公分
結果期　冬 - 春季
落果期　春 - 夏季
用　途　食用野菜

野地、校園、公園常見，尤其是春季休耕的水稻田或菜園中，小葉藜會以大量的群落出現。一年生草本，全株都帶有獨特的氣味。莖直立且多分枝。葉子呈淡綠色、三角狀橢圓形、互生，具有波浪狀鋸齒緣及細長葉柄。小花聚集成穗狀圓錐花序，頂生或腋生，花灰綠色或灰白色，花瓣不明顯或甚至沒有。

如以開花後的小葉藜用做野蔬料理，因已產生種子，會帶有砂粒的口感。

小葉藜是春天裡的美味野蔬，其嫩葉可煮湯、炒蛋或清炒。唯採摘時以幼苗或未開花的側芽為宜，因為開花後會有砂粒的口感。在嘉南地區還被稱為「狗尿菜」，形容它們旺盛的生命力。

| 果實特色 |

果實為胞果，包覆在花被內，果皮與種子貼生；種子呈黑色，表面光澤，邊緣微鈍，具有六角形細窪。

果實僅 1mm，種子更是十分細小。

黃秋葵

羊角椒、羊角豆、潺茄

Abelmoschus esculentus (L.) Moench

英文名 Okra、Lady's Fingers
株　高 1.5-2 公尺
結果期 春 - 夏季
落果期 秋 - 冬季
用　途 食用、提取纖維

廣泛栽培於全球的熱帶、亞熱帶及溫帶地區，在台灣為重要的夏季果菜類作物。常以一年生作物栽培為主，全株有毛，掌狀裂葉呈 3-7 裂，葉緣粗齒或凹缺。花期在 5-9 月間。單花腋生於葉腋上，花色黃，花瓣基部呈紫黑或褐黑色。

黃秋葵的花雖然只開一天，但花色明亮美麗。

| 果實特色 |

蒴果呈長筒狀或尖塔形，頂端細長而尖，狀似羊角。果長 10-25 公分，被有粗糙硬毛，橫截面為五邊形或六邊形。莢果內含種子約 100 顆左右。成熟時果莢會開裂，露出黑色的圓球狀（或呈水滴狀）種子，外覆白色粉狀物質。

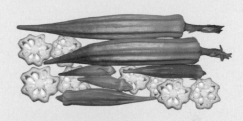

種子約
3-5mm

USAGE

黃秋葵嫩果可作蔬菜食用，採收標準以不超過拳頭的長度（約 8-9cm）為宜。果實具有黏稠的口感，如不喜歡，烹煮時添加鹽即可減少黏液。此外，種子可榨油，經炒熟磨粉後也可做為咖啡的替代品，稱為黃秋葵咖啡（Okra Coffee）。

草本 ｜ 錦葵科

蒴果 ｜ 無毒

冬葵子

磨盤草、帽仔盾、金花草

Abutilon indicum (L.) Sweet

英文名　India Abutilon、Monkey Bush
株　高　50-150 公分
結果期　全年
落果期　全年
用　途　食用、藥用、乾燥手作

分布在北半球之熱帶和亞熱帶、中國大陸、台灣。在台灣主要生長於平地、荒野，因全株密布絨毛，使水分不易蒸散，可以耐受海風吹拂的乾燥，海濱砂地也常見其蹤跡。唯平地或農地、住家附近經常性的噴藥及除草，也抑制了它的生長，不容易找到。

葉卵形，單生於葉腋，黃色花瓣 5 枚。

| 果實特色 |

果實形狀似研磨盤而得名磨盤草。先端截形，具短芒，被星狀長硬毛，果片有 15-20 個；種子呈腎形，被星狀疏柔毛。

果實
1.5cm

果片

種子 3-5mm

―――― USAGE ――――

果實長相特殊，像極日本的翻紙花，受到種子迷的喜愛。嫩葉及未熟果可食，全草可做為草藥之用，有疏風清熱、化痰止咳、消腫解毒的功效，但孕婦需慎服。

洛神花
玫瑰茄、洛神葵、洛神果

Hibiscus sabdariffa L.

英文名　Roselle
株　高　2-3 公尺
結果期　秋 - 冬季
落果期　冬季
用　途　食用、飲用、花藝素材

洛神花的中名是由英名音譯而來，目前以東部栽培最多，台東因栽培面積大，更成為在地的特色農產品。近年來，農政研究單位培育出富含花青素的「台東 6 號－黑晶」品種，其花青素含量比黑醋栗、藍莓等植物更高，獲得「花青素之王」的美名。夏日除單飲的洛神花茶外，烏梅茶中也常添入洛神增加風味的層次。洛神花性喜陽光又耐旱，種植容易，在春天播種育苗後，秋天便可收成。

花青素含量較高的黑洛神品種，成熟後可見花萼中的圓形蒴果。

1. 洛神花與多數錦葵科植物相似，花期僅有 1 日。
2. 台東 3 號為花萼艷紅的品種，可做花材使用。

| 果實特色 |

圓形的蒴果有 5 裂，內含大量腎形的種子，種子上具有短毛狀的附屬物。秋天開花結果後約 3 週，待萼片膨大即可採收。

果實約 *5-6cm*

蒴果 *2.5-3cm*

三種不同品種洛神花蒴果，透著光晶瑩剔透。

乾燥後的蒴果亦有觀賞價值。

褐黑色腎形種子約 *5mm*

草本 ｜ 錦葵科　蒴果 ｜ 無毒

75

月桃

艷山薑、玉桃、虎子花

Alpinia zerumbet

英文名　Beautiful Galangal、Shell-flower、
　　　　Shell Ginger
株　高　1-3 公尺
結果期　夏季
落果期　夏 - 秋季
用　途　藥用、手作、編織器皿

常見於台灣中低海拔山區林緣處、田邊草叢，公園綠地也常栽種，為景觀增色。多年生草本植物，植株叢生狀，具地下塊莖，假莖發達。性喜高溫潮溼環境，可耐陰。月桃在生態上是蝴蝶重要的食草及蜜源植物。端午佳節前後正是月桃花開的季節，苞片末端呈桃紅色，雄蕊瓣化的唇瓣則展現出鮮黃色並帶有紅點斑或線斑，吸引昆蟲來訪蜜。

| 果實特色 |

果實卵圓形，表面有多數縱稜，頂端具有宿萼。熟時朱紅色，種子數量眾多，被白色膜質的假種皮包覆，且散發特殊的香氣。

種子外覆有白色膜狀物。

乾燥後蒴果約 2cm

種子約
4-6mm

圓錐花序呈總狀花序狀下垂，可達 30-50 公分。

USAGE

月桃葉是台灣原住民常用的包裝材料，像是包裹原住民美食阿拜（A Bai），還有客家人也會運用其葉片做為粿粽的包覆材，賦予香氣風味。昔日農家採下花期前的莖狀葉鞘，晒乾後編製成草蓆及繩索，原住民則是用於編成置物器皿或是籃子。

將尚未完全成熟且開裂的果實，預先採下倒吊陰乾，可避免果內的種子掉落，更適合裝飾和創作。

蛇莓

蛇婆、蛇波、龍吐珠、小草莓

Duchesnea indica

英文名　Mockstrawberry、Wild Capegoseberry
株　高　3-5 公分
結果期　全年
落果期　全年
用　途　地被植物

台灣全島從低海拔至高海拔的路旁或是荒野地均常見。為多年生匍匐草本，全株被有柔毛。根莖短，匍匐莖四散生長，節間易發根及萌發側芽形成新生植株。剪取蛇莓匍匐莖，扦插後保濕 1-2 週時即可再生新生根系成活。特徵為 3 出複葉，小葉倒卵形近菱形，葉緣有鈍鋸齒。夏季開黃色花，單生於葉腋，花瓣 5 枚。

1. 蛇莓具有典型薔薇科花形的構造，花瓣 4-5 枚。
2. 瘦果成熟時，時常自聚合果出現類似開裂的現象時，瘦果容易脫落。

1 　 2

| 果實特色 |

果實為細小瘦果，散布在球形的海綿質花托表面，形成聚合果，熟時成鮮紅色，有如縮小版草莓，可以生食。

果實 *1cm*

紅色瘦果
小於 *1mm*

USAGE

蛇莓耐潮溼、耐陰性佳，為極佳的地被植物，近年推廣做為果園草生栽培之用。黃色小花與紅色的果實相間於綠毯之上，景觀效果極佳。細緻的花形與花色，也適合栽種做為小品山野草盆栽，或製作成苔球。

草莓

鳳梨草莓、紅莓、洋莓、地莓

Fragaria ananassa Duch.
(*Fragaria* × *ananassa* Duch.)

英文名	Strawberry
株　高	30-50 公分
結果期	冬 - 春季
落果期	春 - 夏季
用　途	食用、釀酒

1934 年，日本引進栽培種草莓，它最早的親本分別來自北美洲的弗州草莓（*F. virginiana*）及南美洲智利的智利草莓（*F. chiloensis*），於歐洲法國雜交育成。台灣以苗栗大湖栽培草莓最為知名，常見的栽培品種為豐香和春香。草莓因其維他命 C 含量高、抗氧化能力強，能保護身體免於受到自由基的傷害。台灣亦有原生種草莓，稱為台灣草莓或早田氏草莓 *Fragaria hayatai* Makino，原生種株型不大，主要分布於中高海拔山區，常見生長在林緣或路緣等地。

1. 草莓適合冬春季栽培，居家可利用一公升保特瓶來種植一株草莓，圖為收穫的情形。2. 新興的白莓品種。

｜果實特色｜

聚合果為假果，由花托發育膨大後變成，綠色宿存萼片直立。尖卵形瘦果細小而光滑，著生於果實表面，所以散佈在表面的籽才是真正的果實。

花托發育而成的聚合果約 **3-5cm**

瘦果細小，著生於果實表面。

橫向長成了多胞胎、手掌形狀，稱為綴化。

— USAGE —

除了鮮食以外，草莓還能入菜、釀酒、製作甜點，甚至在觀光地區還有草莓香腸可以品嘗。

玉山懸鉤子

蛇婆、蛇波、龍吐珠、小草莓

Rubus hayata-koidzumii

英文名　Rolfe's Raspberry
株　高　10-20 公分
結果期　夏季
落果期　夏末 - 秋季
用　途　護坡植物

同種異名 *Rubus pentalobus* Hayata。分布於喜馬拉雅山、中國西南部、台灣以及菲律賓，為溫帶及寒帶植物。在台灣生長於海拔 2,500-3,500 公尺，常成群蔓生於路邊、峭壁或是向陽裸露地，適合做為護坡植物。匍匐性小灌木，常在莖節處生根，幼嫩部分被有細毛，但不若其他懸鉤子刺多，刺散生分布（台灣有 40 多種懸鉤子，通常刺非常多）。革質葉片具皺褶感，一到冬天會從綠色轉為紅黃色，花期在 6-9 月。成熟果實味甜汁多可生食，經常吸引山區鳥類前來覓食並且幫忙進行傳播。

| 果實特色 |

果為聚合果，
近球形，成熟
後為剔透感的
橙紅色。

果實
1-1.5cm

要格外小心懸鉤子的鉤刺。

79

大葉溲疏

白埔姜、常山、大花溲疏、美麗溲疏

Deutzia pulchra S. Vidal

英文名　Largeflower Deutzia
株　高　5-10 公尺
結果期　夏 - 秋季
落果期　秋季
用　途　藥用、乾燥果材

台灣全島低至中高海拔山區林緣、路旁及河床地經常可見。性喜陽光，落葉灌木或小喬木，樹皮終年脫落，全株被有星狀毛茸，葉的正背面透過放大鏡可觀察到星狀毛。花朵數量多，呈頂生的圓錐花序。當白花盛開時，散發出淡淡香氣，吸引鳳蝶、斑蝶等蝶類前來取食。大葉溲疏屬藥用植物，依據《植物名釋札記》的描述：「溲疏是一種治療遺尿症之藥。溲即溺、尿。『溲疏』之為藥，能治遺尿，又為利尿之藥，故以為名。」

盛花時吸引蝴蝶前來覓食。

| 果實特色 |

蒴果半球形，宿存花柱，形似小陀螺。成熟時5 裂，種子數量多而微小。

果實
7mm

───── USAGE ─────

蒴果乾燥時，全枝帶果可以做為乾燥花材使用。

九芎

小果紫薇、猴不爬、南紫薇、九荊

Lagerstroemia subcostata Koehne

英文名　Subcostate Crape Myrtle
株　高　20公尺
結果期　夏季
落果期　夏 - 秋季
用　途　薪炭木材、雕刻木材

落葉大喬木，分布於全台中低海拔森林，主要生長在潮溼的崩塌地，屬於先驅植物。九芎樹幹每年蛻皮，露出白色光滑的新皮，隨著時間樹皮會漸漸的變紅，像是上過一層蠟，就連擅長爬樹的猴子都會滑下來，因此又叫「猴不爬」。台灣有許多地名都因密生九芎而命名，例如新北市坪林區的古名為「九芎林」，還有新竹縣芎林鄉及雲林縣九芎林。在生態上，九芎是長尾水青蛾幼蟲的食草植物，盛花時經常開滿樹，吸引昆蟲前來吸食。

1. 樹皮光滑，又稱「猴不爬」。2. 白色花瓣 6 枚，呈皺縮狀，花絲多而密。

| 果實特色 |

蒴果長橢圓形，熟時開裂，種子小但是有狹翼，可藉由風力傳播。

未熟果呈綠色。

果實
0.8-1cm

種子
6-8mm

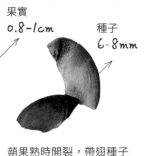

蒴果熟時開裂，帶翅種子會自動掉落或飛走。

USAGE

木質堅硬而耐燒，為台灣優良之薪炭材之一，也適合製作成鋤頭等農具，或運用於雕刻工藝。此外，阿美族會將九芎枝條成叢枝狀，製成生態式捕魚「巴拉告」的設置，展現與自然共生共存的精神。

大花紫薇

洋紫薇

Lagerstroemia speciosa (Linn.) Pers.

英文名	Queen Crapemyrtle、 Queen Lagerstroemia、Pride-of-india
株　高	8-15 公尺
結果期	夏季
落果期	秋季
用　途	庭園樹

分布於熱帶亞洲、澳洲、斯里蘭卡、印度、馬來西亞、越南及菲律賓，是一種知名的庭園景觀樹種，經常種植於行道樹及公園中。樹皮呈淡茶褐色，質感光滑，常有片狀剝落。盛夏開花，一串串紫色圓錐花序開在枝梢上，花瓣宛如飄逸的舞裙，使得樹冠在夏季十分出色顯眼。秋冬季高掛的果實，以及因低溫轉為紅色的葉片，讓大花紫薇一年四季皆有觀賞價值。

未熟果。　　　　　　　　成熟轉為木質暗褐色。

｜ 果實特色 ｜

圓球形木質蒴果，成熟時顏色轉為暗褐，自動開裂成乾燥花。當風吹過時，帶有翅膀的種子會隨風飛散，屬於藉由風力傳播的植物。

果實
2.5-3cm

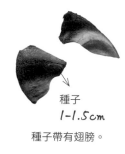

種子
1-1.5cm

種子帶有翅膀。

1. 花大艷麗，花瓣有如舞裙。 2. 落葉前會變成紅葉，為變葉植物。

─── USAGE ───

大花紫薇是台灣廣為種植的園藝景觀植物。在原生地據說其木材能與柚木媲美，質地堅硬且耐腐性強，常做為家具、橋樑及建材使用。

紫薇
百日紅、印度丁香

Lagerstroemia indica L.

1

2

英文名　Crape Myrtle、Crepe Myrtle
株　高　5-7 公尺
結果期　夏 - 秋季
落果期　秋 - 冬季
用　途　庭園樹

原產自中國，自唐朝時就廣植在長安宮廷中。為落葉灌木，是著名的景觀植物。近緣種為台灣原生的九芎 *Lagerstoemia subcostata*；九芎為大喬木，常見將紫薇（灌木）嫁接在九芎（喬木）上，生產出樹型紫薇。栽培品種繁多，花色有白色、粉紅至紫紅色等品種，更有雙色花品種，圓錐花序頂生，開放在枝梢末端，花期長達 2-3 個月以上，夏秋季能持續不斷開花而得名「百日紅」。繁殖可取當年成熟乾燥的果實，於隔年春季進行播種，發芽率極高。

1. 蒴果成熟開裂。2. 一般常見的是粉紅色紫薇。'Peppermint Lace' 為雙色花品種。

| 果實特色 |

圓球狀蒴果，初為綠色，成熟後為黑褐色。子房 6 室，成熟後開裂成 6 瓣。種子小而帶有翅膀，藉由風力傳播。

種子 2-3mm

蒴果 0.8-1cm

USAGE

常做為園藝景觀栽培使用。乾燥後的蒴果，可做為乾燥花材使用。

千年桐

廣東油桐、皺桐、木油桐

Vernicia montana Lour.

英文名	Tung Tree、Tung Oil Tree
株　高	10 公尺
結果期	春 - 夏季
落果期	夏 - 秋季
用　途	庭園樹、榨油

同種異名 *Aleurites montana*。春季正值油桐花期，滿山遍野當風一吹來，猶如大片飛雪飄落，贏得「五月雪」的美稱。台灣常見的油桐樹，分為千年桐和三年桐 2 種，外觀相似均為大型的落葉喬木，千年桐花單性、雌雄異株；三年桐則雌雄同株異花，花朵會在葉芽生長前先開花。兩者核果形狀不同，千年桐因果皮多皺摺，又名皺桐、木油桐及廣東油桐；另三年桐 *Vernicia fordii* 則因果皮光滑又名光桐、油桐及桐子樹。

| 果實特色 |

果實先端圓鈍，果皮散生多數皺紋，果實內有種子 3-5 顆，種子為闊卵形。

果實成熟會掉落一地。

果實
4.5-5cm

1. 花期為 3-5 月，雌雄異株，盛花時壯觀。2. 油桐花有 5 枚白色花瓣。圖中為雄花，具雄蕊 8-10 條，中心為紅色。

USAGE

庭園觀賞樹種。榨取種子可作工業用油，做成油漆和防水油；美濃紙傘即是刷上桐油上光。

以油桐果實製作成小烏龜。
作品設計 / 施瓊紅

石栗

海胡桃、燭果樹、摩奴加油桐、燭栗

Aleurites moluccanus

英文名　Indian Walnut、Candle Nut、
　　　　Candleberry Tree
株　高　3-6 公尺
結果期　春 - 夏季
落果期　秋 - 冬季
用　途　庭園樹、榨油、木材、種子手作

原產自馬來西亞、玻里尼西亞、麻六甲及
菲律賓群島。台灣於 1910 年引進，為常
見的景觀樹種。常綠喬木，最高可達 30 公
尺；灰褐色樹皮，樹幹挺直。嫩枝、幼葉
及花序全密覆星狀毛。

果實略呈扁平狀，外覆絨毛。

1. 在公園常見落果，是松鼠們的食物之一。內含的種仁
可以食用。2. 果肉腐化後，種子外觀呈灰褐色。

| 果實特色 |

球形或卵圓形果實，
密覆絨毛。灰褐色
種殼極為堅硬，內
有種子 1-2 枚，常
見一枚。

種子長 3-4cm

── USAGE ──

常做為庭園樹或行道樹用之外，木
材呈淡紅褐色並具有光澤感，可做
箱板材或火柴棒的材料。此外，種
子富含油脂，可榨油供食用及工業
用途，也是製作燭燭的原料之一。

堅硬的種子經過拋光處理，磨去灰褐色的
外皮再上油或上漆，就會變得黑亮，常做
為種子吊飾的創作素材。局部切割呈銅鈴
狀，撞擊時會有清脆的金屬聲，可用做民
俗伴奏用樂器或是風鈴的替代品。

85

沙盒樹
響盒子

Hura crepitans L.

英文名　Possumwood、Jabillo、DynamiteTree
株　高　10-15 公尺
結果期　秋 - 冬季
落果期　冬 - 春季
用　途　乾燥果材、雕刻木材

大喬木，莖幹密被硬刺，枝粗壯；葉薄革質或厚紙質，葉形似菩提葉。種小名 *crepitans* 指的是果實會沙沙作響的意思。又因果實成熟時乾裂產生爆炸聲響，得名 Dynamite Tree（炸藥樹），如蒐藏也要格外留意因彈出果殼而被射傷。種子不可食用，誤食會造成嚴重的嘔吐與腹瀉。

1. 未熟果帶綠色果皮。2. 果實成熟時會爆裂，成一片片狀。

| 果實特色 |

果實造型優美，為扁平球形，像是稍壓扁的小南瓜，有 12-18 稜，未熟綠色，熟時變為黑色。每室含一枚扁圓形種子。成熟時果實會爆裂，將種子彈出果實外，是藉由彈力傳播的植物。

果實徑長 5~9cm
高 4~5cm

去除果皮的模樣。

種子 2cm

在原生地，漁民會利用樹液毒魚；而加勒比人則使用其汁液製成毒箭。樹液抽出物具有抗菌作用可供醫療用途。沙盒樹的木材偏白，質地輕軟，適合製作成家具或精細菸盒等木雕工藝品。

雄花具長花梗，穗狀。　　雌花高腳碟狀。

果實盒狀，乾時搖作響，可供賞玩。

莖幹密被硬刺。

密花白飯樹

密花葉底株、白頭額仔樹、白米、白飯樹

Flueggea virosa (Roxb. ex Willd.) Royle

英文名	Fetid Securinega、Fluggein
株　高	2-4 公尺
結果期	春季
落果期	夏 - 秋季
用　途	庭園樹

台灣常見分布於低、中海拔次生林、河床及荒野地。當果實成熟時密布樹頭，遠看有如白米飯，得名白飯樹。果實能吸引野生鳥類取覓食，順道傳播種子，以白頭翁最為喜好，又有「白頭額仔樹」之稱。落葉性灌木，小枝平滑無毛。葉長橢圓形或圓形，背面灰白。初夏開花，雌雄異株，花簇生葉腋。

| 果實特色 |

果實分成二型，其一較為細小，乾果狀；其二較為肥大，多漿多汁，熟時白色，單顆約 1 公分，內有種子 3-6 粒。果實洗淨後可生食或用鹽或糖醃漬食用。

木本 — 大戟科

蒴果、漿果 — 無毒

血桐

流血桐、毛桐、山桐子、橙桐

Macaranga tanarius (L.) Müll. Arg.

英文名　Elephant's Ear、Macaranga、Parasol Leaf Tree
株　高　5-10 公尺
結果期　春季
落果期　春 - 夏季
用　途　建築木材、薪炭木材

台灣全境及蘭嶼，濱海、平地至低海拔向陽處可見，屬於中喬木，樹冠濃密呈傘形外觀。樹幹、枝條如因修枝或是風吹折傷受損時，流出的樹液，因氧化作用轉變成血紅色，狀似流血般而得名。為陽性、速生樹種及初級演替環境下常見的先趨植物，例如經破壞的荒地或崩塌地，常可見血桐的身影；即便海岸也能看見它們與林投、黃槿等混生形成海岸灌叢的植被相。

蘭嶼「達悟族」將血桐稱為「女人柴」，這是因為飛魚季期間男性忙於捕魚，無法協助薪柴的準備，而血桐木材質地鬆軟又耐燃燒，非常適合女性添置柴火而得名。

血桐的葉柄生長在葉的中間，很像古時作戰用的盾牌，屬於盾形葉。

| 果實特色 |

黃褐色雙球形蒴果，帶白粉，上有 3 條縱溝，胞背開裂，被有像天線狀肉質棘刺，棘刺被毛，裡面分為 2-3 室，每室 1 個種子，成熟時裂開釋出黑亮的種子，吸引野生動物，尤其是鳥類前來覓食及傳播。

成熟時掉落一地的果殼，像是可愛的小猴子臉型。

果實
1-1.5cm

種子
2-3mm

USAGE

凡有桐字之名的樹種，通常其木材品質較差，血桐正是其一。因生長快速，木材質輕僅適合做為建築材料或是裝貨用的木箱使用。此外，葉片也可以做為糕粿的底材使用，或飼養家畜羊、牛、鹿，也是台灣黑星小灰蝶幼蟲的食草。

烏桕

烏臼、木子樹、蠟油樹

Triadica sebifera (L.) Small

英文名　Chinese Tallow Tree
株　高　10-15 公尺
結果期　夏 - 秋季
落果期　秋 - 冬季
用　途　榨油、染料、乾燥果材

同種異名 *Sapium sebiferum* 。台灣原生樹種，常見分布在平地至低海拔地區。為落葉大喬木，秋冬季葉片轉紅，推廣做為行道樹及庭園景觀植物栽培。烏桕之名據說是因為烏桕鳥喜食其種子而得名；另一說是當樹老時，其根部黑爛成臼而得名。烏桕木材質地細緻具彈性，適合做『陀螺』的材料，台灣俗云『一樟、二瓊、三埔姜、四苦苓』之說，瓊即為烏桕，為製作陀螺材料的第二名。此外葉片可做為黑色的染料或做為治蛇毒及消腹水之用途。

1.成熟後三裂。種子具有白蠟層的假種皮。2.未熟果。

| 果實特色 |

球狀、橢圓形或近球形蒴果，成熟時轉為黑色，三裂，內藏種子三粒。黏著於中軸，黑色種子，外被白臘層的假種皮。具毒性不能食用。

1-1.5cm

USAGE

種子表面具有白色的蠟，這層白色假種皮（皮油）經熱水蒸煮後可製成蠟燭，因而得名蠟燭樹。種子經壓榨後提取出黃色液態油脂，可當燈油使用。此外，種仁內含 20% 的桕蠟和桕油，是生產硼脂酸和油酸的原料，製造出油漆、肥皂及蠟燭。

木本 ── 大戟科

蒴果 ── 有毒

台灣青莢葉

葉長花

Helwingia japonica subsp. *taiwaniana*

英文名　Taiwan Helwingia
株　高　2-3 公尺
結果期　春季
落果期　夏季
用　途　食用野菜

同種異名 *Helwingia japonica formosana*。台灣青莢葉為青莢葉的亞種，是特有亞種的植物，更是唯一一種在葉片上開花結果的植物，得名葉長花。散生於台灣北、中及東部中海拔約 1,000~2,100 公尺陰涼潮溼的山林內，屬於落葉灌木，分枝多而細長。葉上開花的特徵，有助於吸引螞蟻等昆蟲協助授粉。據觀察，花生長於葉脈中軸，實為莖的一部分，即花梗與葉片合生後演變而成的模樣。

| 果實特色 |

果實為漿果狀核果，球形，成熟時呈黑紫色，在綠葉中相當顯眼，能吸引鳥類來取食，藉此進行傳播。

未成熟的果實。

果實 *5mm*

花綠色或黃綠色，長在葉脈中軸。

USAGE

嫩葉可供野蔬食用。其特殊的生長方式，常在生態教學時被提出來介紹。

大葉山欖

山欖果、杆仔、蘭嶼芒果、台灣膠木

Palaquium formosanum Hayata

英文名　Formosan Nato Tree、Taiwan Nato Tree
株　高　5-20 公尺
結果期　夏 - 秋季
落果期　秋 - 冬季
用　途　建材、染料、景觀樹

台灣原生的常綠大喬木，分布於北部海岸地區、恆春半島、綠島及蘭嶼。此外，菲律賓的呂宋島、巴丹島及巴布亞等地也有分布。樹性強健，耐鹽、抗旱、抗風、耐濕，栽培與移植容易，適宜做為行道樹及海濱工業區綠化使用。因全株具有乳汁而有「台灣膠木」的別稱。大葉山欖也是噶瑪蘭族的精神象徵，族人會將它種植於住家屋角或屋後，在其部落與聚集處也能常見大葉山欖，有此一說，只要有大葉山欖生長的地方就有噶瑪蘭族。

果實末端可見宿存的花柱。

花柱。

種子長約 *4-5cm*
寬 *1.5-2cm*

USAGE

達悟族運用大葉山欖做為拼板舟材料之一，用以製作船首、船尾板、船漿及坐墊等之外；同時也是木釘的材料。木材為優良的建材，樹皮還可做染料，果實也可食用，是多功能的植物。

果實長約 *5cm*

| 果實特色 |

橢圓形或近球狀的果實，從淺綠色逐漸成熟轉為暗橄欖綠或褐色。常見宿存的花柱。內含種子 1-3 枚；紡錘形種子呈黑褐色，側面具有胎座痕跡。為海漂種子。

種子側面有胎座的痕跡。

蛋黃果

仙桃

Pouteria campechiana (Kunth) Baehni

英文名 Canistel、Cupcake Fruit、Egg Fruit、
　　　 Yellow Sapote
株　高 3-6 公尺
結果期 夏 - 秋季
落果期 冬 - 春季
用　途 食用

台灣於 1929 年自菲律賓引入種植，目前
全台各地果園零星栽植，冬、春季有機會
在市場購得。蛋黃果為常綠小喬木，長橢
圓形、披針形或長倒卵形的葉子互生，呈
螺旋狀排列。蛋黃果通常在 8 分熟尚未變
軟前採收，還無法立即食用，需貯放 7-14
天自然後熟再食用（或於果蒂處抹鹽可加
快後熟，約 2-3 天即可食用）。種子不耐
貯藏，如欲種植，建議食用後迅速種植，
約二週內便會發芽，經 3-6 年生長就能達
成株並開花結果。

果肉質地粉狀，口感與蛋黃、烤番薯相似。

— USAGE —

蛋黃果的材質細密而堅固，心材灰棕
色至紅棕色，抗腐爛性佳，可應用於
建築。種子企鵝般的可愛外型深受種
子迷喜愛。

綠色未熟果。　　　　　　　熟果。

| 果實特色 |

夏季開花，果實在冬 - 春
季成熟，未熟果呈深綠
色，隨後轉綠、淺綠、黃
綠至橘黃。果形有長型果
及心臟型果兩種，內有一
枚橢圓形種子，兩端圓
鈍，外層紅棕色有光澤。

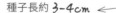

種子長約 3-4cm ◄

鵝掌藤

鵝掌蘗、七葉蓮、七葉藤、狗腳蹄

Heptapleurum arboricola Hayata

英文名	Scandent Scheffera、Umbrella Tree
株　高	4-8 公尺
結果期	秋季
落果期	冬季
用　途	景觀美化、園藝盆栽

同種異名 *Schefflera arboricola*。分布於台灣全島平地山野至海拔 1,800 公尺之岩壁及樹上,是由日本植物專家早田文藏 (Hayata) 先生於台灣採集所發現。鵝掌藤具有附生性,為蔓性灌木,與喬木的鵝掌柴不同。長橢圓形掌狀複葉有 6-12 枚,形狀容易讓人聯想到鵝的腳掌。當日照充足時,葉片呈亮綠色,日照不足則會是深綠色。在高溫期剪取健壯枝條,可以扦插法繁殖。

掌狀複葉表面光滑,葉片呈長橢圓形。

| 果實特色 |

果實為球形漿果,幼時有腺點狀斑點,有角稜,成熟時為黃紅色,內有種子 5-7 粒。

熟果量多而密集。

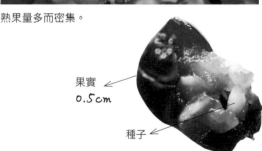

果實
0.5cm

種子

―― USAGE ――

景觀用途廣泛,經常可見栽培於花壇、行道樹、綠籬,極耐修剪。能適應都市氣候環境,在全日照、半日照環境都可以正常生長,因此也有室內盆栽形式,做為觀葉植物妝點空間。

南美假櫻桃

西印度假櫻桃、假櫻桃、醋栗

Muntingia calabura

木本 ｜ 文定果科

漿果 ｜ 無毒

英文名　Strawberry Tree、Silkwood
株　高　10-12 公尺
結果期　春季
落果期　夏季
用　途　景觀樹

原產於熱帶美洲、斯里蘭卡、印度尼西亞等地。
台灣南部低海拔向陽處常見，為常綠小喬木，
小枝常水平開展。在分類上，曾將南美假櫻桃
歸類在杜英科（又名緞樹科）或田麻科。紅色
果實汁液甜美如蜜，味道宛如焦糖，是許多人
童年嚐野果的回憶。繁殖方式除了播種以外，
還可使用扦插及高壓法，以春秋為適期。

1

2

1. 花瓣 5 片，帶有
花梗。2. 葉密生絨
毛狀腺毛。未熟果
為綠色。

| 果實特色 |

扁球形漿果，果蒂有鬚毛，果柄頗長，密生
絨毛；果實成熟時轉為紅色，果肉甜美可鮮
食，包覆著數量可觀的黃色種子。

果實
1.8cm

果梗長約
3~4cm
果實像似小櫻桃。

黃色種子數量眾
多，果肉香甜。

USAGE

適合做行道樹、庭園樹。果實
也是極佳的誘鳥植物。

木麻黃

木賊葉木麻黃、番麻黃、短枝木麻黃

Casuarina equisetifolia L.

英文名　Beef Wood、Iron-wood、Swamp Oak
株　高　20公尺
結果期　全年
落果期　全年
用　途　行道樹、濱海植物、盆景木、建材

種小名 *equisetifolia* 源自拉丁語，意思為馬毛，指木麻黃下垂狀小枝與馬尾相似的特徵。這些灰綠色小枝細軟如針葉狀，經常讓人誤會是葉子，葉退化成 鞘狀齒裂，輪生在綠色小枝上。木麻黃生長迅速，且抗風，抗旱，抗鹽份，因此台灣長年廣植於濱海地區做為防風之用，唯長年接受風吹日晒、鹽害的自然環境下，需經常性補植。

雌花序頭狀果，發育成橢圓形狀的多花果，形似毬果。

｜果實特色｜

聚合果成毬果狀果實生長於永久枝上，為木質化的小毬果，有短梗，長橢圓形；赤褐色果實苞片成熟裂開放出有翅種子，藉由風力傳播繁殖。

果實 1.5~2cm

種子長約 0.5cm

USAGE

在景觀上除做為行道樹，利用其防風抗侵蝕的特性，常做為海岸林之外，也適用做盆景木，為製作盆景的極佳樹種。在東南亞和加勒比海的部分地區，為極佳的圍欄及薪材；木材可做為建築、家具、造紙原料。

猢猻樹

猴麵包樹、旅人樹、猢猻緬、猢猻麵

Adansonia digitata

照片提供／高永興

英文名　Baobab、Monkey-bread Tree、Dead-rat Tree
株　高　22 公尺
結果期　夏季
落果期　秋季
用　途　庭園樹、榨油、食用、乾燥花材

樹型龐大壯觀，為世界知名的庭園觀賞樹種。屬於落葉大喬木，分枝多，樹幹的基部膨大、木質部輕軟，內含許多空腔可儲存水份。原產於熱帶非洲，樹胸圍甚至可超過 30 公尺，樹齡超過千年，當地原住民會利用猢猻樹樹幹的空腔，做為居住倉庫等用途。台灣自 1908 年引進栽植，在台北的關渡、北投一帶可見。《小王子》一書中提到會把星球撐壞的樹（Bad plant）Baobab，就是指猢猻樹，說明它堅強的生命力。

｜果實特色｜

蓢果木質，被褐色星狀毛，不開裂，內果皮肉質，果肉乾燥變硬後會碎成塊狀，看起來就像是乾掉的麵包塊。種子數量多，果實是猴子愛吃的食物，故非洲人又叫它「猴麵包樹」（Monkey Bread Tree）。

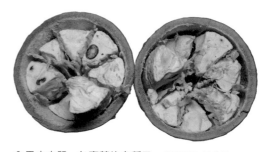

內果皮肉質，包裹著許多種子。 照片提供／高永興

1. 花梗可長至 100 公分。2. 花朵體型大、下垂，帶有很多雄蕊，富含腐肉的氣味。研究人員認為狐蝠科是它們主要授粉者。

果實
25-35cm

樹幹的基部膨大。照片提供／高永興

掌狀複葉，互生。花謝之後會垂掛在樹上。

猢猻樹整株都有用途，嫩葉可食，樹皮可製繩索、布料、魚網等，還可提煉消炎藥。乾果肉富含維他命 C，味如檸檬水故又名「檸檬水樹」（Lemonade Tree）。2009年，美國食品和藥物管理局批准猢猻樹的乾果肉做為公認安全的食品配料。種子可榨食用油，或烘烤製成咖啡的替代品。

可蒐集自然乾燥、連同花梗一起落下的花做為花材，反捲的花瓣具有特色。

馬拉巴栗

美國花生、南洋土豆、發財樹

Pachira aquatica Aublet

英文名　Malabar-chestnut、Money tree、
　　　　Pachira Nut
株　高　15 公尺
結果期　冬季
落果期　春季
用　途　庭園樹、園藝盆栽、造紙

為常綠喬木，樹高可達 15 公尺，樹幹通直，基部多膨大，樹冠優美且生性強健。台灣於 1930 年代引進種植，在 1986 年，農民展現創意，以綁辮子的方式將 5 株樹苗編綁成束，以編幹造型栽培並改名為「發財樹」，成為深受歡迎的商品，一度是重要的外銷景觀樹木，更創下年進帳上億元外匯的紀錄。此外，根據南韓農業局的實測，馬拉巴栗每 8 小時就能吸附並減少一半以上的細懸浮微粒，加上耐陰性強，極適宜做為室內觀葉植物栽培。

| 果實特色 |

蓇葖果長橢圓形，先端鈍；果實內有數十顆種子，成熟時會在空中開裂，種子散滿一地，屬於自力傳播方式。種子炒熟後，味道似花生，故又名為「美國花生」。

蓇葖果開裂後，可見內部種子整齊排列。

馬拉巴栗編幹造型盆栽。

種子長
2-2.5cm

果實如手榴彈形狀，
長 15~25cm

── USAGE ──

馬拉巴栗也是常見的種子盆栽素材，但需注意種子不耐貯藏，存放一週後即失去發芽能力，應趁新鮮播種。

光蠟樹

白雞油、台灣白蠟樹

Fraxinus griffithii C.B. Clarke

英文名　Griffith's Ash、Formosan Ash
株　高　20 公尺
結果期　春季
落果期　夏季
用　途　景觀樹、建材、雕刻木材

同種異名 *Fraxinus formosana*。常綠半落葉喬木，分布於海拔 100-2,000 公尺山區，為平地常見樹種。光蠟樹因其材色具有油蠟色澤，材質堅韌優良，但與櫸樹（又稱「雞油」）相比顏色較白，而得名「白雞油」。在生態上，每年春季四、五月時，可吸引獨角仙成蟲前來聚集吸食樹液，留下特殊的垂直食痕，其它還有甲蟲、金龜子、蜜蜂等昆蟲也會一同前來享用光蠟樹的樹液大餐。樹幹具有雲形的剝落，如同脫皮一般，另名「脫皮樹」。

樹皮灰白色，樹幹上留有雲形剝落。

｜果實特色｜

翅果成熟時掛滿樹，如避債蛾幼蟲聚集樣貌。因為輕薄構造，風一來時翅果隨風吹散落滿地，甚至飛到更遠的地方繁殖，屬風力傳播。

果實
2.5-3cm

樹液吸引昆蟲吸食。

USAGE

樹形優美，常見運用於庭園樹、行道樹、防風林及人造林樹種。木材質地堅韌緻密，適合用於雕刻木材、建材，以及製作家具。

金玉蘭

玉蘭、黃緬桂、金厚朴

Magnolia champaca (L.) Baill. ex Pierre

英文名　Yellow Michelia、Yellow Jade Orchid Tree
株　高　10-15 公尺
結果期　秋 - 冬季
落果期　冬 - 春季
用　途　香花盆栽、供佛

常綠喬木，主幹直立，樹冠圓錐形。台灣在 1800 年間引進，早年不多見，近年常見於花市做為大型的香花盆栽販售。外觀與玉蘭花十分相似，但樹型較小，花開性較佳，香氣同樣怡人，還有討喜的金黃色花。喜好全日照且溫暖環境，濕度高有助於生長發育。栽培上與玉蘭花一樣，應避免施肥過度，造成枝葉旺盛，植株內含的碳氮比失衡而導致開花不佳。

橢圓形蓇葖果，一串串像葡萄。

花腋生在頂梢葉片的基部。

| 果實特色 |

蓇葖果叢生，長度可達 8-15 公分。蓇葖果 15-20 粒左右。肉質果實由背面裂開，露出內部紅色種子 1-3 枚，每顆種子都有稜角。

種子被覆紅色的假種皮。

大小約 1-1.5cm

─ USAGE ─

與玉蘭花一樣可做胸花、頭飾佩帶；可供提取香精做為香水原料，也是供佛常用的香花植物之一，以水盤供養聞香。

洋玉蘭

廣玉蘭、荷花玉蘭、木蘭花、大花木蘭

Magnolia grandiflora L.

英文名　Southern Magnolia、
　　　　Large-flowered Magnolia
株　高　10-30 公尺
結果期　夏季
落果期　秋 - 冬季
用　途　製作家具、提取香氛

洋玉蘭原產於北美洲，台灣於 1910 年引入做為園藝景觀植物栽培。為常綠大喬木，植株高約 10-20 公尺，最高可達 30 公尺。新芽、幼枝及葉片有鏽色絨毛；花朵碩大且香味清幽，花徑可達 20 公分，種小名 *grandiflora* 即為大花的意思。

1. 木蘭科特徵，雌蕊、多數心皮（Carpel），螺旋狀排列。2. 花形宛如荷花，又名荷花玉蘭。

| 果實特色 |

果實為聚合果（蓇葖聚合果），外被有絨毛，秋季成熟；內含有種子，種子具有紅色假種皮，直徑 6-8mm。種子實生苗要栽種 10 年後成株，才能開始結果，種子在栽種 25 年後達到生產高峰。種子的發芽率約 50%。

新芽及葉背具有繡色絨毛。

單一蓇葖果
直徑約 5-8mm
螺旋排列合生。

果實寬約
4-5cm

USAGE

洋玉蘭耐旱、耐空氣污染，非常適合種植為行道樹或庭園樹。木材可做家具；花含芳香油，可取其鮮花以浸油或膏的方式萃取。

火筒樹

番婆怨

Leea guineensis G. Don

英文名　Manila Leea、West Indian Holly
株　高　2-6 公尺
結果期　夏 - 秋季
落果期　冬季
用　途　庭園樹、景觀美化

火筒樹生長於低海拔山區、河谷、溪邊及疏林中，主要產於南部地區海岸林，為常綠大灌木，屬熱帶雨林代表樹種。火筒樹之名是因為取下一段樹幹，去除髓心後可以製作吹灶火的火筒。台語名「番婆怨」據說是枝幹髓心含有大量水分，不易乾燥保存且燃燒時煙霧薰天，惹得原住民婦女怨憤而得名。紅色花序整串十分顯眼，會開粉紅、黃色花，黃色花還會轉為紅色，花瓣外側粉色，內側則為黃色，花徑僅有 3 公厘，四季常開。

花序直徑可達 50cm 以上，花朵小而密集。

｜果實特色｜

扁球形漿果，直徑 6-8 公厘，成熟時轉為黑色，內有種子 5-6 顆。

為野生鳥類的食物來源之一。

果實
6-8mm

─── USAGE ───

適合做為園藝植栽使用，花開時紅色大型的繖房花序，極具觀賞價值。花朵能吸引蝶類訪花，而果實則是鳥類的食物，具有豐富的生態價值。

棋盤腳

濱玉蕊、恆春肉粽、墾丁肉粽、魔鬼樹

Barringtonia asiatica (L.) Kurz

英文名　Indian Barringtonia
株　高　15-20 公尺
結果期　秋 - 冬季
落果期　冬 - 春季
用　途　景觀樹、果實手作、種子盆栽

分布在南部、蘭嶼及綠島的海岸林植物，為常綠小喬木，在北台灣栽種，冬季易受寒害。因其果實外型有如壓縮的陀螺，狀如古代的棋盤桌腳，故名棋盤腳樹。此外，果實又像是一顆顆粽子，因此又有「恆春肉粽」或是「墾丁肉粽」之稱。棋盤腳花期是每年的 5-10 月，花大如煙火絢麗，有人形容是「墾丁之花」。蘭嶼達悟族人認為棋盤腳有不祥和詛咒的象徵，因此又有「魔鬼樹」之稱。

花瓣白色 4 枚，雄蕊數量多，白色花絲細長，但先端為紅色，著生於花瓣基部。

| 果實特色 |

果實為大型核果，四方形，外果皮光滑，中果皮富有纖維質，內果皮堅硬，內藏種子一枚。果實因有纖維質的中果皮，可藉由海流漂送，屬於一種海漂植物。

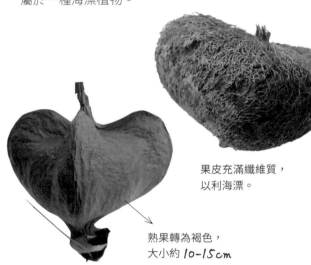

果皮充滿纖維質，以利海漂。

熟果轉為褐色，大小約 10-15cm

USAGE

海岸林及庭園景觀樹種，掉落的果實經常被拿來種植為種子趣味盆栽。

果實晒乾綁製成有如肉粽串的吊飾，令人莞薾。

穗花棋盤腳

水茄冬、水貢仔、玉蕊

Barringtonia racemosa (L.) Spreng.

英文名　Powder-Puff Tree、
　　　　Small-leaved Barringtonia
株　高　8-10 公尺
結果期　夏 - 秋季
落果期　秋 - 冬季
用　途　建材、碳薪木材、食用

台灣原生植物，常見分布在北部及海岸地區，為常綠灌木或小喬木，對環境適應性佳，近年推廣成為景觀植物。夏季開花，有香氣，花色有白、紅、粉紅等，成串的花在夜間開放，美若夏夜煙火。因稜形果實與古代棋盤的桌腳相似而得名。

1. 在果實的末端具有宿存的花萼與雌蕊。2. 粉撲狀的花，由眾多細長的雄蕊花絲組成；雌蕊只有 1 枚。

| 果實特色 |

果實為長橢圓形，略呈四稜形，初時為綠色，成熟後外果皮略呈淡紫色。其中果皮具纖維質，以利種子進行水漂傳播。內含種子 1 枚，外被一層褐色薄膜，卵形或卵圓形。種仁乳白色。

果實 4-6cm

泡水剝除外皮，內有種子。

USAGE

在東南亞一帶，嫩葉可做為生食或煮食蔬菜，但需要先浸泡在石灰水中去除苦味後再使用。葉片及樹皮也用來緩解因水痘造成的騷癢；樹皮也能提供纖維，而枝葉的萃出物可用於製作殺蟲劑。此外，樹皮和根含有大量的單寧，能做為鞣劑使用。木材可用做薪柴及建築材料。

可栽培為種子趣味盆栽。

種子約 2.5-5cm

六翅木

Berrya ammonilla Roxb.

英文名　Trincomalee Wood
株　高　30 公尺
結果期　夏季
落果期　夏 - 秋季
用　途　景觀美化、庭園樹

同種異名 *Brrya cordifolia*。分布於印度、錫蘭至菲律賓等地。台灣原生分布於屏東一帶，樹性強健，為大喬木，生長於南部低海拔 500-800 公尺之潮溼森林邊緣，極為少見，中南部的植物園、公園或校園偶爾可見栽培。圓錐花序生長於枝條頂端，花瓣白色，開花時頗為顯眼。

圓錐花序，有 5 片白色花瓣，雄蕊多數。
照片提供／施郁庭

| 果實特色 |

蒴果圓形，三瓣開裂，每一瓣片上有二枚大形的翅，故稱六翅木。翅為長橢圓形，先端鈍，有網紋，每一室有種子 1-2 枚。整叢果實有如捧花，深受種子迷喜愛。

果實長 2-3cm

照片提供／施郁庭

照片提供／高永興

乾燥果實的形狀像是一朵乾燥花。

USAGE

耐旱、耐風，適合栽種為行道樹或是公園景觀樹。

木本｜田麻科

蒴果｜無毒

黃花夾竹桃

番仔桃、台灣柳、竹桃、酒杯花

Thevetia peruviana (Pers.) K. Schum.

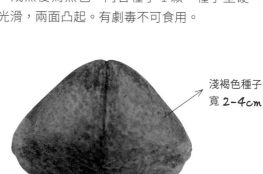

英文名	Yellow Oleander、Lucky Nut、Napoleon's Hat
株　高	3-6 公尺
結果期	春 - 夏季
落果期	秋 - 冬季
用　途	果實手作、景觀樹

同種異名 *Cascabela thevetia*。常綠的大灌木或小喬木，台灣各地常見做為景觀行道樹或公園景觀植物栽培，因不耐寒所以山區少見。具乳汁全株有毒，如誤食舌頭會有灼痛麻木感，並干擾心跳、血壓，應立即送醫。屬名 *Cascabela* 源自於西班牙語，原意即為小鈴鐺的意思。單花或少數叢生聚繖花序，常見開放在頂端或枝梢，花色黃，花開時散發香氣。

1. 花瓣合生狀似酒杯。2. 成熟的果為黑色。

| 果實特色 |

核果呈扁三角狀球形，具有肉質的果皮，未熟時綠色，成熟後為黑色。內含種子 1 顆，種子堅硬，表面光滑，兩面凸起。有劇毒不可食用。

淺褐色種子
寬 **2-4cm**

──── USAGE ────

果實外觀具有特色，如元寶或鈴鐺的外型，在吊飾創作上運用廣泛，更是手搖鈴種子樂器的常用材料之一。

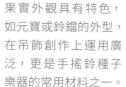

海檬果

海杜果、牛心茄、山檨仔、海檨仔

Cerbera manghas L.

英文名　Common Cerberus Tree、Sea Mango、
　　　　Odollam Cerberus-tree
株　高　8-10 公尺
結果期　全年
落果期　全年
用　途　庭園樹、器具木材

分布於北部、東部、恆春半島及蘭嶼海岸。常綠小喬木，因其樹形美麗與白色花朵具有觀賞價值，且花期長、花量多、具香氣，為極佳的行道樹種。樹皮厚，全株含有白色乳汁且有毒性，尤以果實、果仁毒性最強，會引起嘔吐、心律失常及高鉀血症狀，如誤食而中毒，嚴重者致死。《本草綱目拾遺》記載：「『牛心茄』一核者入口立死。」可見其毒性之強烈。

白色花冠細筒狀，先端 5 裂，
喉部呈淡紅色而有毛。

| 果實特色 |

果實為卵形核果，如雞蛋大小，成熟時暗紅色，內果皮纖維質，有 1 顆紅色的種子，富含油脂，可海漂傳播。因果實形狀像芒果又生長在海邊，故名海檬果。

成熟果實由綠轉紅。

果實 4-6cm
果實內果皮富含纖維質。

USAGE

除了做為庭園景觀植物、行道樹等外，海檬果性耐鹽抗風，也常做防風及防潮林使用。木材質地輕軟，早年常製成生活中的小型器具，如木櫃、木屐等等。

去除外果皮之後應用於手作。

凹葉越橘
老鼠連珠

Vaccinium emarginatum Hayata

英文名　Tuber-bearing Blue Berry
株　高　附生型灌木，40-100 公分
結果期　秋季
落果期　冬 - 春季
用　途　庭園樹

日本學者川上瀧彌及森丑之助於 1906 年，在霧社附近發現的台灣特有種著生型灌木，生長於全島中高海拔山區之森林邊緣或林下，有時會附生於針葉樹或闊葉樹的樹幹上，全株平滑。根系上之根瘤如馬鈴薯狀、大小不一的串連而生，可用來儲存養分和水分，也因而有「老鼠連珠」的俗稱。種小名 *emarginatum* 有 " 凹 " 的意思，形容本種植物的葉片末端具有凹陷的特徵。幼葉呈現鮮豔光亮的紅褐色，單葉互生，呈倒卵狀橢圓形。

未熟果為粉紅色。

果實 0.5cm

| 果實特色 |

果實為球形漿果，萼齒宿存，成熟時轉為紅黑色。

葉尖端尖銳或呈凹狀。
照片提供／洪靚慈

照片提供 / 彭智明

孔雀豆
相思豆、紅豆

Adenanthera pavonine L.

英文名　Circassian Bean、Red Sandalwood Tree
株　高　20 公尺
結果期　春 - 夏季
落果期　夏季
用　途　景觀樹、種子手作

唐代王維的《相思》「紅豆生南國，春來發幾枝。願君多採擷，此物最相思。」，詩中提到「紅豆」實際上指的是孔雀豆的果實，象徵著深深的相思之情，俗稱「相思豆」，常被誤以為是相思樹的種子。

孔雀豆是一種落葉性喬木，幼枝葉被細毛，幼葉為淡紅色。葉互生，總葉柄甚長，並為二回羽狀複葉。總狀花序多數組成圓錐花序，頂生，開黃色的花。

| 果實特色 |

鐮刀形莢果成熟後捲曲狀開裂，有 6-15 顆種子，顏色為橙紅色至鮮紅色，呈扁圓形或心形，兩面凸起、具有光澤。

種子約
1cm

果實 15~25cm

綠色未成熟的鐮刀型果莢光滑無毛。

花期 4-5 月，頂生黃色小花。

109

蘇木
赤木

Caesalpinia sappan L.

英文名　Sappanwood
株　高　5-10 公尺
結果期　春季
落果期　夏 - 秋季
用　途　景觀樹、染料、提取精油、果實手作

台灣於 1645 年引入栽植。南部常見做為庭園景觀樹或行道樹栽培。在 17 世紀，蘇木是主要的貿易商品之一，當時荷蘭人從東南亞國家（尤其是泰國）藉由航運購入胡椒、丁香、蘇木等香料，並在中國販售以獲取利潤。蘇木為常綠小喬木，樹幹及樹枝均有疏刺，有明顯圓點狀皮孔，新枝被微毛，之後逐漸脫落。葉互生，為二回羽狀複葉。花黃色，為圓錐花序，頂生或腋生。

| 果實特色 |

莢果硬木質，成熟時由綠轉為褐色，豆莢倒卵狀矩圓形，頂端斜截形，有尾尖，形狀像似隻鳥。成熟時不開裂，內有 2-4 粒種子。

果實
10-12cm

英果內有 2-4
顆種子。

種子 1cm

USAGE

除做為景觀栽培用之外，蘇木可提取做紅色染料。此外，心材中可提煉巴西蘇木素和精油，具有殺菌、消腫、止痛等作用。蘇木果實造型相當特別，且皮革質感適合做為創作教學的材料，例如項鍊或是鑰匙圈等飾品。

彩繪創作。

花旗木
泰國櫻花、絨果決明

Cassia bakeriana Craib

英文名　Pink Shower Tree、Pink Cassia、
　　　　Wishing Tree
株　高　20 公尺
結果期　春季
落果期　夏季
用　途　庭園樹

花初開時為淡粉、粉白色，漸漸轉為粉紅色，花瓣有 5 枚，完全雄蕊 10 枚。

盛花時的滿樹繁花，花期長可達一個半月，恰巧新葉尚未長出，在東南亞又譽為「泰國櫻花」，甚至比櫻花更為壯觀。英名中的 Wishing Tree 之意，說明其能用於祈福，永保昌盛繁榮和防止衰退。原產於泰國、越南、緬甸、印度一帶，在泰國當作許願樹或如意樹，台灣各地目前零星栽植。花旗木為落葉喬木，莖幹直立，枝條略下垂。總狀花序，呈繖房狀排列，花序長 6-8 公分，略彎曲，花初開時淡粉、粉白色，後漸呈粉紅色，略帶清香。

| 果實特色 |

莢果外表被有絨毛，長筒狀，不開裂或二瓣裂，種子數量多，有如小餅乾排列。

照片提供／陳昱之

木本｜豆科

莢果｜無毒

────── USAGE ──────

樹型優雅，花開時極具觀賞價值，適合做為庭院美化及行道樹之樹種。

栗豆樹

綠寶石、元寶樹

Castanospermum australe

英文名　Black Bean、Moreton Bay Chestnut
株　高　12-40 公尺
結果期　夏 - 冬季
落果期　冬 - 春季
用　途　景觀樹、種子盆栽、藥用

分布於澳洲新南威爾斯及昆士蘭，台灣引入做園藝栽培。栗豆樹為常綠中喬木，種子冒芽開裂時就像是綠色元寶狀的小盆栽，十分討喜，因而曾被冠以「綠元寶」或「元寶樹」之名，在台灣的園藝市場中風靡一時。此外，成樹後姿態優美，也適合栽種為庭園觀賞植物或行道樹。近來研究指出其種子提煉的化合物，可能對愛滋病的治療有所助益。

早在 1889 年出版的《澳大利亞有用的本土植物》一書中，便記錄並描述栗豆樹食用的方式及用途。澳洲原住民利用栗豆樹木材製作成長矛，並運用其樹皮纖維製作捕魚、設置動物陷阱的網和籃子。栗豆樹的木材質地柔軟細膩，類似胡桃木，能耐用超過 40 年以上。

莢果成熟時為咖啡色，掛在樹幹或枝條上。

| 果實特色 |

開花授粉完成後，結出綠色的莢果，成熟時轉為咖啡色，內有 1-5 顆橢圓形種子，大小有如雞蛋。

果實
15-25cm

種子
4-4.5cm

樹型高大，狀似龍眼樹。

花為黃橙色，雌雄同花。

種子盆栽受到綠手指的喜愛。

種子內含有高成分的皂素，可做為肥皂的替代物，種莢還能提煉收斂劑。未經加工的種子有毒不可生食，會引起嘔吐和腹瀉，但經過烘烤、切成小塊、用流水浸泡，再搗泥之後烘烤即可食用。

果實可乾燥收藏、用於創作。種莢也能做為玩具船成為自然童玩。
作品設計 / 施瓊虹老師

阿勒勃

波斯皂莢、婆羅門皂莢、阿勃勒

Cassia fistula L.

英文名　Golden Shower Tree、Golden Shower Senna
株　高　10-20 公尺
結果期　春 - 夏季
落果期　夏季
用　途　景觀樹、行道樹、蜜源植物、果實種子手作

在台灣常口誤稱為阿勃勒，落葉性大喬木，冬季落葉，陽光直射，可以使庭園溫暖；夏季則有濃濃的樹蔭，使庭園陰涼清爽。阿勒勃為黃蝶的食草植物，每年黃蝶的發生時期，在葉子上很容易找到黃蝶的幼蟲。春末盛花期往往可見一串串下垂的黃色花，滿樹金黃的美景，當花瓣掉落時，隨風紛飛，如細雨般飄落，所以它的英文名字就叫作「黃金雨」(Golden Shower Tree)。阿勒勃也是泰國的國花，其黃色的花瓣象徵泰國皇室。

| 果實特色 |

莢果不開裂，堅硬呈長圓筒形，莢果顏色由綠轉黑褐，成熟需時一年，常可見今年的花與去年的果並存樹上。果莢敲開可見到每室有一種子，呈扁圓形有褐色光澤，果肉是瀝青狀黑色黏質有異味，種子具有一層透明薄膜，味甜可食用。

種子
1cm

果實長
40-60cm

果實成熟時經常會掉落一地，壓破會發出特殊的味道。

未成熟果莢為綠色會慢慢轉成黑褐色。

盛花時人們總記得欣賞花，不容易注意到
長長的莢果也藏身於其中。

將種子剝開清洗及晒乾後，成
為創作的材料。唯不能泡水過
久，否則會膨脹不能使用。

鳳凰木

紅花楹、紅花楹樹、火樹

Delonix regia

英文名	Flamboyanttree、Royal Poinciana Peacacock Flower
株　高	8-25 公尺
結果期	夏 - 秋季
落果期	冬 - 春季
用　途	景觀樹、果實手作

落葉性大喬木，樹冠呈傘型，樹型極具特色。夏季 5-7 月間是鳳凰木花開的季節，鮮紅色的花朵構成的總狀或圓錐花序，開放在枝梢上，盛開時有如火焰般鮮豔。成株後，根基部還會出現板根的構造。鳳凰木具有剋他作用，樹下通常乾淨不見其他植物生長，中興大學利用其葉片的萃取液或葉片粉末，開發出生物性的除草劑，並在試驗時發現能抑制小花蔓澤蘭發芽。

未熟的莢果為綠色。

| 果實特色 |

花後會長出扁平、木質及刀劍狀的莢果，成熟後轉為褐色。內含種子 20-60 顆不等。褐色、長橢圓形的種子，具有灰白色的不規則斑紋。種子具有毒性，誤食後會有頭暈、流口水、腹脹、下痢等過敏及中毒的症狀。

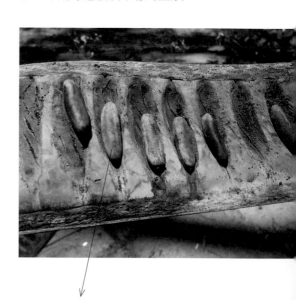

種子 2cm

花序開放在枝頭上，花期也正是驪歌響起的季節。

刀劍狀的莢果，結合麻線編織後能做
為刀劍類的童玩。種子穿孔後，可做
為吊飾或門簾串珠素材。因其種子取
得容易，也可栽培為趣味小盆栽。

透過麻線的編織與裝飾後，莢果變身成童玩。

盾柱木

黃燄木、雙翼豆、閉莢木、雙翅果

Peltophorum pterocarpum (DC.) Backer ex K.Heyne

英文名	Flame Gold、Wingfruit Peltophorum
株　高	10-20 公尺
結果期	夏季
落果期	夏 - 秋季
用　途	景觀樹、染料、建材

台北建國花市高架道路兩側種植的即為盾柱木，在中、南部一帶栽植甚為普遍，常被栽種為庭園樹或行道樹。屬於落葉大喬木，夏季開花，因柱頭呈盾形，故名「盾柱木」。盾柱木與鳳凰木外觀極為相似，另有「黃鳳凰」之名。但盾柱木的全株及其嫩枝均密布鏽色毛；葉柄基部無羽葉托葉，另羽葉的葉片較寬大且數量較少。

盛花時開滿金黃色花，相當顯目。

| 果實特色 |

果實形如碗豆，木質小莢果朝上，邊緣被翅圍繞；兩端尖，中央具條紋；莢果內有種子 1-4 枚，種子褐色扁平狀，又有「雙翼豆」之稱。屬名 *Pterocarpum* 即為「翅果的」意思，屬於風力傳播植物，成熟時會隨風到處飄散。

果實長度約 **5-12cm**

種子 **0.8-1.2cm**

木質莢果，周邊帶有翅，利於隨風飛翔。

USAGE

樹皮可提取黃色染料。木材心材紅褐色、邊材則為淺黃色，心、邊材區分明顯，質地細緻硬堅，可做為高級家具及門窗、地板等建材之用。

水黃皮

九重吹、掛錢樹、水流豆、野豆

Millettia pinnata (L.) Panigrahi

照片提供／彭智明

英文名　Poongaoil Pongamia、Poonga-oil Tree
株　高　3-6 公尺
結果期　夏 - 秋季
落果期　秋 - 冬季
用　途　庭園樹、果實手作

水黃皮為台灣原生海岸林植物，屬於半落葉性喬木，根系深且生性強健，抗風、耐乾旱等特性，適合用於做為海岸護堤及防風林，得名「九重吹」。常用於公園綠地或行道樹栽植。長橢圓形莢果略呈扁平刀狀；黃色莢果據說與清代銅錢相似，得名掛錢樹。

水黃皮春、秋季開花，有淡香。總狀花序腋生。

| 果實特色 |

莢果木質化，表面有不明顯小疣凸，先端有微彎曲的短喙，成熟時不開裂，輕盈具漂浮性，能藉由水漂傳播，又有水流豆、野豆之稱。莢果內有腎形種子 1-2 枚。

未熟果。

種子寬約
0.8-1cm

莢果長約
4-8cm

莢果像彎刀。

USAGE

木質化的果實，適合做為創作教學的材料，例如項鍊或是鑰匙圈等飾品。

彩繪創作。

木本｜豆科

莢果｜無毒

印度紫檀
青龍木、玫瑰木、黃柏木、花櫚木

Pterocarpus indicus Willd.

英文名　Amboyna Wood、Malay Padauk
株　高　20-25 公尺
結果期　春 - 夏季
落果期　秋 - 冬季
用　途　景觀樹、家具木材、果實手作

印度紫檀以其樹幹在受傷或剖開後流出的紫色汁液而得名。印度紫檀為廣泛種植的景觀樹木，常見於各地公園及行道樹，花期集中在春、夏之間，頂生或腋生的總狀花序，合生成圓錐花序，但因花期短暫，僅能一日欣賞它的花開花落，所以又有「一日之花」的稱呼。在南台灣的冬季，常見落葉滿地、樹梢上高掛著滿樹莢果的景象。1934 年，菲律賓政府公告以印度紫檀為其國家樹。

葉為奇數羽狀複葉。

| 果實特色 |

莢果扁圓形，中央較厚處內藏種子，形似荷包蛋。莢果外緣有平展的翅，以利種子藉風力傳播。屬名 *Pterocarpus* 即形容本屬植物種莢具有翅的構造。

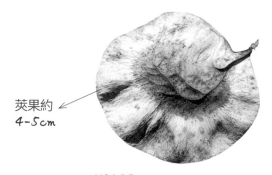

莢果約
4-5cm

— USAGE —

印度紫檀的材質密緻堅韌，可做為家具材料，是珍貴木材之一，因紋理雅緻，材質為殷紅色具香氣，得名「紅木」。此外，莢果也常用來進行各類種子拼貼創作，或乾燥花材料。

照片提供／林智明

翅果鐵刀木

翼柄決明、對葉鐵刀木、印度黃槐

Senna alata (L.) Roxb.

英文名	Ringworm Senna
株　高	3-5 公尺
結果期	春季
落果期	夏季
用　途	景觀樹

百年前引入種植做為景觀樹種之用。屬名
Senna 為決明屬,過去分類曾歸納在鐵刀木
屬 *Cassia*。種小名 *alata* 指果實帶有翼(翅膀)
之意,因此名為翅果鐵刀木或翼柄決明。目
前常見種植成為觀花及觀果植物,秋至春季
開花,黃色花成總狀花序排列,遠看如燭台
直立於莖頂上,多枝簇集更顯目耀眼,得名
「七金燭台」。為直立灌木,葉片碩大且明
顯,外型與決明屬的黃槐相似,但黃槐葉片
較小,常被誤認為同種植物。

花冠鮮黃,成燭台狀花序。

| 果實特色 |

莢果呈立體狀,四周延伸如寬闊的翼,成熟時
沿著腹縫線開裂,原本排列整齊的種子會紛紛
掉落,種子可達 50-70 枚,呈菱狀、扁平小水
滴狀的模樣十分可愛。

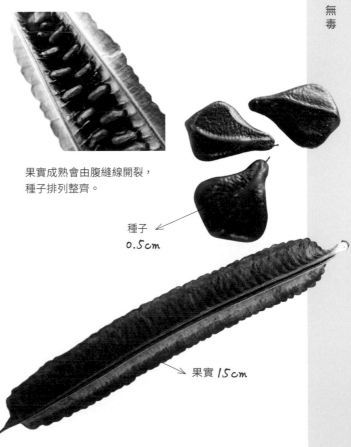

果實成熟會由腹縫線開裂,
種子排列整齊。

種子
0.5cm

果實 15cm

121

羅望子
酸果、酸角、酸豆

Tamarindus indica L.

英文名	Tamarind Tree、Tamarindus
株　高	15-25 公尺
結果期	夏 - 秋季
落果期	秋季
用　途	食用、調味、藥用

原產於東部非洲，已廣泛引種到亞洲熱帶地區、拉丁美洲和加勒比地區栽植。在亞洲國家寺廟中，羅望子的果實常用以去除銅像上的污垢和綠色的銅鏽。印度南部，羅望子經常被種植為觀賞樹木。台灣則偶見種植做為遮蔭綠化樹種。羅望子未成熟果實酸澀，因此又名「酸果」或「酸豆」。成熟後可以直接食用，如梅子糖的口感；也有人說嚐後略帶香蕉的風味。在東南亞特色料理中，是不可或缺的調味料，有去腥、解膩、提味等功能。

成熟果莢成圓胖滾筒狀。

| 果實特色 |

果實呈圓胖滾筒狀，黃褐色且光滑無毛，種實間常呈緊縮狀；果皮脆薄，果實內含柔軟褐色果肉（假種皮）及少許硬纖維，包覆著數粒有著硬皮且帶光澤感的黑褐色種子。

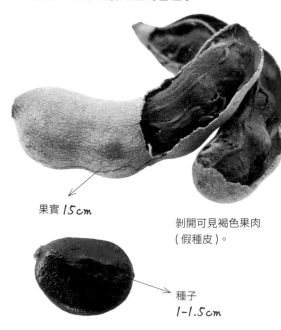

果實 *15cm*

剝開可見褐色果肉（假種皮）。

種子
1-1.5cm

USAGE

羅望子的果實、葉子和樹皮都可藥用。在菲律賓，羅望子的葉子被做為草本茶，用於瘧疾退燒；在印度草藥學則是用於治療胃和消化道不適。木材可製農具。

欖仁

大葉欖仁樹、涼扇樹、山枇杷樹、法國枇杷

Terminalia catappa L.

英文名　Indian Almond
株　高　15-25 公尺
結果期　春 - 夏季
落果期　夏 - 秋季
用　途　景觀樹、食品調味劑、染料

落葉大喬木，側枝水平輪生，形成平頂傘狀樹冠。葉大呈倒卵形，厚革質，多叢生於小枝的先端。分布在恆春半島、蘭嶼、小琉球、綠島及澎湖等地。傘型的樹姿及其落葉時的紅葉特色，成為熱帶地區有名的紅葉樹，為常見的景觀用樹，於各地庭園、公園、行道樹亦多栽培。老樹根部形成的板根也是欖仁樹的特色之一，欖仁樹之名，係因果實的形狀貌似橄欖的核而得名。

老葉掉落前會轉呈紅色，亦屬變色葉植物。

成長中的幼果。

｜果實特色｜

果實呈卵形或扁橢圓形，略扁平，有 2 條縱向的稜或龍骨狀突起，成熟會由綠色轉為黃褐色後自然掉落。果皮堅硬而呈纖維狀，以便藉海潮漂流散布，屬水力傳播的植物。

未成熟的核果

成熟果實 4-7cm

─── USAGE ───

欖仁樹的種子含有杏仁味的油脂，可供製成食品添加調味料；果皮及樹皮含大量的單寧（鞣質），可製成黑色染料，果皮、成葉及落葉均可染出黃褐與綠褐色系。

台灣冷杉

白松柏、川上氏冷杉、玉山冷杉、杜松

Abies kawakamii (Hayata) T. Itô

英文名　Kawakamii Fir、Taiwan White Fir
株　高　40-50 公尺
結果期　春 - 夏季
落果期　夏 - 秋季
用　途　建材、造紙

台灣冷杉為常綠大喬木，樹幹通直、樹皮呈灰褐色，常呈鱗片狀剝落。台灣冷杉為構成中央山脈海拔最高之寒帶林中最主要樹種，多數分布於海拔 2,800-3,500 公尺，陽光照射強烈的乾燥地帶而形成大片純林，亦是台灣特有之冰河子遺針葉樹種，與玉山圓柏同為森林界限，為台灣高山樹木最高生長界線。

1. 果實呈直立狀，成熟時紫褐色帶有白色油脂。2. 冷杉毬果不易保存，果鱗容易掉落，僅剩果軸。

照片提供 / 洪靓慈

| 果實特色 |

直立毬果呈長橢圓形，成熟時為紫褐色；果鱗呈闊扇形；種子也是長橢圓形或卵狀長橢圓形，具有很薄的翅。毬果成熟後，果鱗和種子會同時脫落，只剩下果軸。種子帶翅，屬於風力傳播的植物。

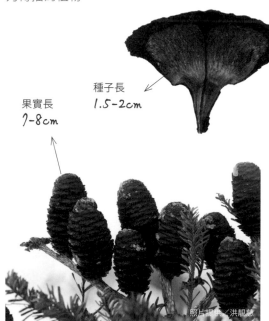

種子長
1.5-2cm

果實長
7-8cm

照片提供／洪靓慈

― USAGE ―

木材呈淡黃色，沒有邊材與心材的區分，質地輕軟，是良好的建築用材之一。木材可以做為製造紙漿的原料。

台灣二葉松

黃山松、台灣赤松、新高赤松

Pinus taiwanensis Hayata

英文名	Taiwan Red Pine、Taiwan Pine、Huangshan Pine
株 高	30 公尺
結果期	全年
落果期	全年
用 途	景觀樹、建材、造紙、果實手作

分布於台灣與中國南方。中央山脈海拔 700-3200 公尺山區，常見大面積純林，像是大甲溪沿岸之山坡地。二葉松為常綠大喬木，因針葉二葉一束而得名，在台灣造林面積達 35,000 公頃左右，喜冷涼濕潤環境及微酸的深厚土壤，但因材質不如紅檜、扁柏、肖楠等針葉一級木，被列為針葉二級木。

1. 樹形為優美的塔形狀。2. 深褐色樹皮，具不規則的深裂。

| 果實特色 |

毬果卵圓形，成熟時呈褐或黑褐色，近無梗。果鱗長橢圓狀矩形，鱗背肥厚，略呈菱狀四方形，鱗臍中央有一短凸。種子倒卵狀橢圓形，具翅。

針形葉，兩針一束為其特徵。果鱗閉合狀態。

果實
5-8cm

種子
1.5-2cm

─ USAGE ─

生長適應力強，樹種蒼勁優美，適合做為庭園景觀樹種。木材可供建築用材、枕木、造紙和採脂等，樹幹亦可採松脂。毬果常運用於種子創作或是乾燥花材。

台灣華山松

白松、五葉松、台灣果松

Pinus armandii var. mastersiana

英文名	Masters Pine
株 高	35 公尺
結果期	全年
落果期	全年
用 途	建材、鐵軌枕木、食用

台灣華山松常見分布於中部以北海拔 2,100-3,350 公尺山區，經常與台灣二葉松、台灣鐵杉及台灣雲杉等混生，毬果也為台灣松樹中最大的一種。與台灣特有亞種之星鴉 *Nucifraga caryocatactes* 有共生關係，毬果之果鱗厚、短而質地鬆，便利於星鴉啄食及傳播種子。台灣華山松為常綠大喬木，樹皮呈淺龜裂或不規則縱裂，葉 5 針一束，質感細軟、葉緣有鋸齒。

成熟後果鱗稍為開張。毬果可掛在樹上多年不脫落。

| 果實特色 |

毬果直立，卵狀圓柱形，種鱗近於菱形，邊緣直立或略向外反曲，鱗臍顯著，果鱗基部的內面因長有兩個種子而有兩個深凹洞，苞鱗極小。種子無翅，主要藉由鳥類或松鼠啃食藏匿來傳播。

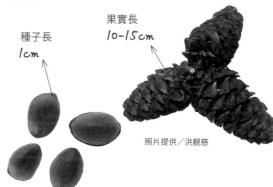

種子長
1cm

果實長
10-15cm

照片提供／洪靚慈

華山松的種子
不具翅。

果鱗基部的內面
有原本放置兩顆
種子的深凹洞。
照片提供／洪靚慈

USAGE

木材可以做建築木材和鐵軌的枕木。種子
即為松子，可供食用。

濕地松

沼澤松、艾氏松

Pinus elliottii Engelm.

英文名　Slash Pine、Swamp Pine
株　高　30-40 公尺
結果期　全年
落果期　隔年夏天
用　途　景觀樹、家具及造船用材、果實手作

濕地松為常綠大喬木，有灰褐色樹皮，具有縱裂及大塊鱗片狀剝落，葉長 20-30 公分，2-3針一束。因原生地常見生長在排水不良或是低窪地、湖畔等地區，而得名「濕地松」。台灣於 1915 年後多次引進栽植，做為紙漿及景觀使用，為平地海拔常見之造林樹種，與琉球松、日本黑松皆為台灣平地常見的松樹，在各地觀光區、機關學校也經常可見。

鱗盾上具反捲小尖刺。

| 果實特色 |

毬果呈圓錐形或窄卵圓形。短柄，通常是 2-4個聚生，少有單生；果鱗扁平，鱗背淡紅褐色，鱗臍光滑，鱗盾肥厚有光澤，小尖刺反捲；種子帶翅，易脫落。

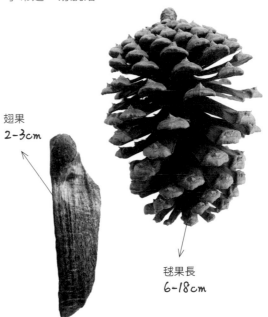

翅果
2-3cm

毬果長
6-18cm

USAGE

生長快速且根系發達，抗風力強、又耐旱和耐濕，為優良造林樹種。濕地松也因松脂和木材的收益率高，可做為生產家具及造船用材是良好的經濟樹種。

將果鱗一片片剪下，可黏貼成鳥類翅膀的創作。
作品設計 / 黃寶珠

台灣黃杉

威氏帝杉

Pseudotsuga wilsoniana Hayata

英文名　Formosan Douglas Fir
株　高　50 公尺
結果期　全年
落果期　全年
用　途　景觀樹、家具建材

屬名 *Pseudotsuga* 意指和鐵杉屬相似，台灣黃杉和台灣鐵杉名稱上雖然都有杉字，卻為松科植物。為台灣特有種植物，分布於台中至新竹一帶海拔 1,000-2,700 公尺之山區，生長於中央山脈中低海拔山區闊葉林中。為大喬木，樹皮厚，深縱裂；一年生小枝之基部有短毛；芽鱗邊緣有緣毛。葉線形，扁平，扭成 2 列，長 1.5-3 公分、寬 1.5-2 公厘，中脈上表面凹下，下表面隆起。

毬果懸垂，線形葉扁平而短。

| 果實特色 |

長年可見樹上毬果懸垂，呈卵狀橢圓形，苞鱗線狀，突出於種鱗之外，且先端 3 裂並反曲，是本種最容易鑑別的特徵。種鱗為菱形，全緣、質地薄。種子有翅，種子與種翅等長，全長約 1.8 公分。

果實
7-15cm

三叉狀的苞片。

USAGE

木材可用作建材、製作家具，適合做為景觀樹種，亦可栽培為盆景植物。

台灣鐵杉

油松、鐵杉

Tsuga chinensis (Franch.) Pritz. ex Diels
var. *formosana* (Hayata)
H. L. Li & H.Keng

英文名　Taiwan Hemlock
株　高　50 公尺
結果期　秋 - 冬季
落果期　冬季
用　途　建材、造紙、枕木

台灣特有種，為常綠大喬木，樹冠層平展成傘型，常呈大片純林，是台灣產針葉樹種中材質最為堅硬的，得名「鐵杉」。分布於海拔 2,100-3,000 公尺處，上限與台灣冷杉交會，下限與檜木、闊葉林交會；喜生於嶺線或箭竹草生地區，有時亦與紅檜、台灣雲杉及台灣冷杉形成混合林，常以「雲霧帶之上，雪線之下」來形容鐵杉分布環境。合歡山的下鳶峰處，因台 14 甲線行經路過，是全台最易到訪的鐵杉純林。

遇水後的毬果緊閉，待完全乾燥後會再次展開。

| 果實特色 |

受孕的雌花毬會將鱗片關起來，發育成毬果。每一果鱗中有 2 個種子，成熟且天氣晴朗時，果鱗一片一片開張，以利具翅的種子隨風傳播。

未熟果呈藍紫色。

種子連翅
長約 6-8mm

毬果長約
2-3cm

USAGE

台灣鐵杉雖堅硬但樹幹心部極易腐爛，早期只能做為報紙的紙漿。木材做為建築、家具、造紙、枕木等用途。此外，布農族還曾使用其樹皮蓋樹皮屋。

柳杉
日本柳杉、孔雀松、日本杉、大杉

Cryptomeria japonica (L. f.) D. Don

英文名　Japanese Cedar、Japanese Cryptomeria、
　　　　Common Cryptomeria
株　高　40 公尺
結果期　全年
落果期　全年
用　途　建材、提取精油

柳杉為日本特有種，屬於大型喬木，樹幹通直，樹冠圓錐形。它曾經是為台灣主要的造林常用樹種之一，普遍種植於全島中海拔 500-1,800 公尺間。常見於各大森林景點，例如：阿里山、溪頭、太平山等地。在日本，柳杉因木紋緻密，是重要的經濟木材，但在台灣風土條件下，生長快速導致材質不佳，因此常用於支撐木或製作成電線桿，更有「電線桿樹」的別稱。後來隨著電線桿水泥化及地下化，柳杉電線桿已經相當罕見了。

果鱗成熟時轉為褐色，先端 4-6 裂。

球果 1.5-2cm

｜ 果實特色 ｜

毬果卵球形，外觀為褐色。果鱗為倒卵狀楔形，先端 4-6 裂；種子呈倒披針形，暗褐色並帶有翅，大小僅約 0.3-0.5cm。

未熟果。

USAGE

柳杉是針葉二級木，木材主供建築、支柱、家具及車輛等用材。近年更以水蒸餾法萃取其枝葉精油，因富含松油醇，具有天然的防蚊效果之外，應用於薰香也能夠帶來平靜和放鬆的效果。

杉木
福洲衫、刺杉

Cunninghamia lanceolata (Lamb.) Hook.

英文名　China Fir、Chinese Fir
株　高　20 公尺
結果期　春 - 夏季
落果期　秋 - 冬季
用　途　建材、造紙、藥用

常綠大喬木，原產於中國及越南，宋朝時期即有自中國引入杉木到台灣栽植的記錄，它是早期寺廟的屋樑及造船主要建材，在木材市場上常稱為「杉仔」。台灣引進栽培於全島 500-1,800 公尺之山區，生長快速，栽種 15-20 年即可成材，木材質地軟硬適中，紋理直且易加工，同時耐腐性強，因此適合運用在建築、家具、棺材、板材、船舶等製造。此外，木材纖維長，可做為造紙紙漿的主要原料，是經濟造林用的樹種之一。

熟果常呈下垂。

| 果實特色 |

毬果為卵狀球形，有短柄，成熟時常下垂。果鱗為闊卵形，邊緣有細鋸齒，先端漸尖形；每一果鱗下有 3 枚扁平的深褐色種子，呈卵狀長橢圓形，帶有薄翅。

毬果長
4-6cm

種子扁平，有薄翅，
約 0.8-1cm

── USAGE ──

樹形優美，為優良的觀賞樹種。心材及樹枝、根、樹皮、葉、種子、油脂等部位還有藥用價值。

楓香

台灣香楓、楓仔、路路通、香菇木

Liquidambar formosana Hance

英文名　Formosan Sweet Gum、Fragrant Maple
株　高　3-5 公尺
結果期　夏 - 秋季
落果期　秋 - 冬季
用　途　行道樹、建材、香菇段木

台灣常見生長於平地至海拔 2,000 公尺地區，為台灣原生種的大型落葉喬木，秋天落葉轉黃，春天葉色新綠極有季節感，常用做行道樹栽植。原歸納分類在金縷梅科下的楓香樹屬，後因分類方法變革，將楓香樹屬提升為楓香科（又名蕈樹科）。葉形似楓互生，葉片搓揉後有特殊香氣，得名楓香。屬名 *Liquidambar* 其源自於拉丁文 liquidus — 意思為液體的，而 Ambar 即為琥珀，形容樹液流出後形成具有芳香樹脂的特性。近似種的楓樹（Acer）葉片則為對生、翅果且無特殊香氣。

| 果實特色 |

球形的黑褐色蒴果是聚合果癒合後所形成，花柱宿存，後伸長成刺狀，形成黑色短刺狀構造。完全種子橢圓形有翅。不完全種子具稜角為不規則狀。

聚合果（蒴果聚合）寬約 3-4cm，像黑色的小刺球。

種子細小，僅約 1mm，不易撿拾。（圖中為不完全種子）

1. 楓香老樹皮粗糙，呈方塊狀剝落。2. 聚合果高掛在樹枝頭上，有利於種子的散布。3. 葉片通常為三裂，幼葉則常為五裂。秋天落葉轉黃。

USAGE

楓香樹幹或樹枝受傷流出的樹脂乾燥後，可得白膠香或稱白芸香。果實乾燥後能入藥，鎮痛祛風效力行遍十二經穴，得名「路路通」。木材為淡紅色，耐朽力強，可供做建築材料或做為箱板材及農具、小型家具用材。台灣原住民常以其鋸下的樹幹做為栽種香菇用的段木。

1. 將果實上的尖刺、果皮去除乾淨，露出蜂巢般的孔洞，洗淨乾燥之後可運用於手作。2. 創作者善用果實圓刺特性做為護衛武器。

山紅柿

油柿、山紅柿、烏材柿

Diospyros morrisiana Hance

英文名　Morris's Persimmon
株　高　18-20 公尺
結果期　春 - 夏季
落果期　夏 - 秋季
用　途　提取樹漆、果實手作

常見生長於北部到中部低至中海拔原始闊葉林中。心材質地堅硬，可為黑檀木的代替品，因此又名「烏材柿」。泰雅族人經常藉由記憶此樹的位置，來進行捕獵活動。在過去，布農族人取其樹皮治下血或火燙傷，或將樹皮搗碎火烤，貼於嘴邊治牙痛。紅色的成熟果實滋味甜美，常是台灣獼猴及白鼻心的食物來源，透過野生動物覓食達到種子傳播。

未熟果為綠色，熟時轉為紅色。經常結實纍纍，並且掉落一地。

| 果實特色 |

果實呈球形，表面有光澤，宿存萼近方形。成熟的果實為紅色，帶甜味及澀味，可食用；內有 3 顆扁長形種子。

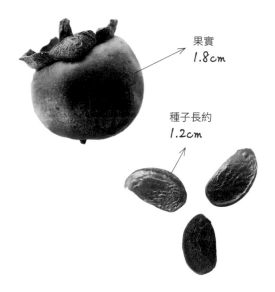

果實
1.8cm

種子長約
1.2cm

USAGE

可從未成熟的果實中萃取出柿樹漆。乾燥果實可運用於手作。

毛柿

台灣黑檀、烏木、台灣柿

Diospyros philippensis (Desr.) Gurke

英文名　Taiwan Ebony、Taiwan Persimmon、
　　　　Volvet Apple
株　高　20 公尺
結果期　春季
落果期　春 - 夏季
用　途　工藝木材、果實手作

同種異名 *Diospyros discolu*。英名 Taiwan
Persimmon 即說明為台灣原生種的柿子
樹，同時也是台灣重要的一級闊葉木，
列為潤葉五木之一。分布於東部的蘭嶼、
綠島、龜山島及南部的海岸地區，為常
綠喬木，主幹粗壯且直立，樹冠呈倒三
角形，枝葉濃密，全株披
黃褐色絹毛。毛柿因果實
密生絨毛而得名，果實成
熟後可食，但因絨毛多、
味道不好，並不受市場歡
迎，不過野生動物如猴子、
松鼠等卻極為喜愛。

| 果實特色 |

果實為略扁的球形漿果，表面密布軟毛，成熟
時呈金黃褐色，被黃褐色毛，近似無柄。種子
腎形，有縱溝紋 2-3 條。

種子
3.5-4cm

成熟果實
6-7cm

─── USAGE ───

偶見用於景觀及行道樹，因抗風力強，也
做為海岸防風樹種使用。毛柿的木材質地
堅硬，邊材淡紅色，材質細緻，放於水中
會沈到水底，為名貴的黑檀木之一，常加
工製作成珍貴的工藝品。

象牙木

琉球黑檀、烏皮石柃、象牙柿、烏木

Diospyros ferrea (Willd.) Bakh.

英文名　Ivorywood、Boxleaf Mama
株　高　2-5 公尺
結果期　夏季
落果期　夏末
用　途　庭園樹、盆景樹、工藝木材

象牙木為常綠灌木或小喬木，曾是台灣特有種植物，常見生長在沿海地區，如：恆春、蘭嶼海岸，國內紅皮書中將其列屬易危級（VU, Vulnerable）植物。約於 1870 年時由人工引入栽植於東南亞，現分布於台灣、印度、琉球與馬來西亞 4 個地區。果實熟後，野生鳥類及哺乳類動物喜愛食用，可幫助傳播繁衍。

熟果經常是野生鳥類垂涎的食物。

｜果實特色｜

肉質漿果橢圓形，成熟時為黃色或橘黃色，殘存花萼為杯形或鐘形。

果實
1cm

種子
0.8-0.9cm

USAGE

常做為庭園美化樹種或小型盆景樹，或列植成綠籬。種小名 *ferrea* 指木材像鐵一般的意思，木材質地密緻堅實，木材呈漆黑色，是黑檀的一種，屬珍貴上等木材，常被做為裝飾材料使用。

台灣胡桃

野胡桃、山核桃、串桃、華東野核桃

Juglans cathayensis Dode

英文名　Wild Walnut、Taiwan Walnut
株　高　15-25 公尺
結果期　夏-秋季
落果期　秋-冬季
用　途　食用、器具木材

分布於台灣全島 1,200-2,400 公尺的森林中，常形成小面積純林，為中海拔冷溫帶落葉森林主要樹種之一，屬於落葉大喬木，在台東新武呂溪上游還設有保護區。台灣胡桃是許多野生動物重要的食物來源，台灣黑熊及齧齒類的松鼠特別喜愛，經由啃咬和冬藏的同時，達到傳播目的，為典型動物傳播植物之一。

| 果實特色 |

果序為穗狀，通常可結出 5-10 顆橢圓形果實，外被黏性腺毛，內果皮堅硬，先端尖，有數條縱向稜脊。內藏種仁，味香可口。

果實
6cm

剖半後的胡桃，布農族人形容像似鼻孔的果實。

USAGE

木材堅實，邊材淺灰色，心材紅褐色，邊心材區分明顯；木理通直，名貴之家具及裝飾用材，常製成各類器具、槍桿或箱板材用。幼株則可作胡桃砧木。種仁可食用及入藥，因胡桃仁外觀形似腦，據以形補形之說，國人多半相信常食胡桃仁有益補腦。與進口胡桃相比，台灣生產的胡桃種仁相對較小。

胡桃類的種仁製成食用堅果。

化香樹

台灣化香樹、花果兒樹、返香、換香樹

Platycarya strobilacea Siebold & Zucc.

照片提供／林宏達

英文名　Black Dye Tree
株　高　10 公尺
結果期　春 - 夏季
落果期　夏 - 秋季
用　途　砧木、染料

落葉灌木或小喬木，常見生長於北部、中部及花蓮等地，武陵農場至環山、梨山一帶海拔 1,500-2,500 公尺路緣，為典型的先驅樹種，喜好生長於陽光充裕的環境，性耐乾旱。由於木材燃燒具香氣而得名「化香樹」。它與台灣胡桃同為胡桃科，親緣性十分相近，可做為台灣胡桃的砧木，不過台灣胡桃的果實為球形核果，而化香樹則為假毬果狀的聚合果，內含的種子為堅果。

未熟果為綠色。常年樹上掛有毬果狀的果實。照片提供／林宏達

葉互生，奇數羽狀複葉。照片提供／林宏達

| 果實特色 |

果序呈毬果狀，長橢圓狀圓柱形；宿存苞片木質，略帶一些彈性；扁平狀的小型堅果兩側帶有狹翅，種子為卵形，種皮呈黃褐色膜質。

果序
2.5-5cm
呈毬果狀的聚合果。

堅果
0.2-0.3cm

USAGE

葉子及果實有毒特性，可將其浸泡水後，做為毒魚之用。部分山地原住民部落善用其果序及樹皮含單寧成分，可當鞣革用途，或一般染料色素。

台灣野牡丹藤

蔓野牡丹、藤野牡丹、台灣酸腳桿

Medinilla formosana Hayata

株　高　0.5-1.5 公尺
結果期　冬 - 春季
落果期　春 - 夏季
用　途　盆花、大型地被

原產於台灣南部低海拔森林中，如恆春半島、屏東壽卡、南仁山區、台東大武等地。近年被做為盆花生產，耐陰性佳，粉紅色的花序與葉序恰成對比，可做為室內及林下等光線明亮處栽種的綠化植栽。為常綠蔓性灌木，圓柱形莖，基部直立，具多數分枝，枝梢會伸長，末梢略呈垂態。

花序觀賞性佳。粉紅色的花梗上，白色或粉紅色的花聚集成串。

| 果實特色 |

球形的漿果，成熟後漿果由紅轉為紫黑色。淺褐色種子十分細小。

成熟的黑色漿果。
果實 *5-8mm*

紡綞型的淺褐色種子。
寬約 *1mm*

萬桃花

萬桃花、水茄、土煙、黃天茄

Solanum torvum Swartz

英文名　Tetrongan
株　高　1.5-2 公尺
結果期　春季
落果期　夏季
用　途　食用

原生於中美洲加勒比及其周邊地區，引進中國、台灣、印度、緬甸、泰國與馬來西亞，後於野地歸化。台灣常見分布於平地至低海拔山區，生長於荒地與路旁，為有刺灌木，密被灰色星狀毛；刺彎曲，顏色為紅色或淺黃色。萬桃花與茄子同為茄科，生性強健高大、抗病性佳，可做為茄子的砧木，增加茄子的抗病性及提高產量。果實經水煮去澀後可熱炒後入菜，在東南亞國家是著名的風味菜。

總狀花序節間著生；萼片被毛，有 5 片白色花瓣。

| 果實特色 |

果實為圓形或球形漿果，成熟時深綠色，後轉為黑色，果實內部含有大量種子。

果實大小
1cm

USAGE

未熟的綠色果實，煮熟後食用帶有獨特的苦味。在原產地加勒比海，當地人常和洋蔥、甜椒等食材一同燉煮配魚享用；泰國人會將萬桃花的果實加進咖哩中；雲南地區則是煮熟後和香草一起舂成醬食用。

樹番茄

洋酸茄、木本番茄、雞蛋果

Cyphomandra betacea

照片提供／林宏達

英文名　Tree Tomato、Tamarillo
株　高　5 公尺
結果期　夏季
落果期　夏 - 秋季
用　途　食用

樹番茄因像是長在樹上的番茄而得名，種小名 *betacea* 即意指像甜菜的果實。小喬木或灌木，具絨毛，性喜冷涼環境。嘉義縣奮起湖為台灣種植最多樹蕃茄的地區，南投縣清境農場亦有種植，多在海拔 500-2,000 公尺之山區。有機會造訪這些地方，能吃到以樹蕃茄做成的特色料理，風味獨具。部分中海拔山區可見馴化的野生樹番茄，成熟鮮艷果實也成為另類的鳥餌植物，吸引鳥類前來覓食。

| 果實特色 |

漿果呈卵球狀，表面光滑，皮薄多汁，成熟時為橘紅色。種子圓盤型，直徑約 0.4cm，周圍有狹翼。

種子
4mm

果實
5-7cm

漿果。

未熟果。

熟果。

USAGE

可生食或熟食，富含維生素 A、C、E 及各種礦物質。甜中帶酸，多汁並稍具辛辣。食用方法和番茄類似，唯果皮較為苦澀，可剝開去皮食用。

大葉桉

桉、桉樹、尤加利、大葉有加利

Eucalyptus robusta Smith

英文名	Swamp Manogany、White Manogany
株　高	30-35 公尺
結果期	夏季
落果期	夏 - 秋季
用　途	造紙、提取精油、果實手作

1896 年由日本人本多靜六氏首先引進台灣種植。民國 42 年間，康瀚先生再次引進栽植，為台灣 30 多種桉樹中最常見的一種。常綠喬木，原產於澳洲東部河岸、沼澤與河口地區。樹形高大，鬆軟的深紅褐色樹皮可厚達 2 公分，有不規則的裂痕，搓揉葉片有芳香氣味。

果實成熟後萌蓋會自然脫落，
呈現果實和蓋帽分離。

| 果實特色 |

未成熟果實呈現綠色（如首圖），成熟後由綠轉褐，頂端的萌蓋會自動開裂，呈現杯形或半球形蒴果，形狀像是小陀螺，並釋出裡頭細小的種子。

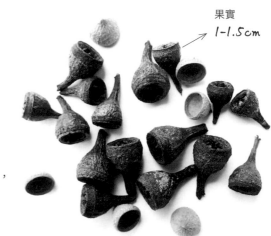

果實
1-1.5cm

1. 果實成熟後轉為褐色，帽蓋已掉落。2. 俯瞰果實有如鈕扣，長相逗趣。

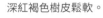
繖形花序自葉腋伸出，全天開花，吸引昆蟲前來吸蜜。

深紅褐色樹皮鬆軟。

搓揉葉片會有芳香氣味。

USAGE

大葉桉生長迅速，為台灣早期廣泛栽種的行道樹之一。木材纖維長適合做為造紙材料。葉片可提煉精油淨化空氣，幫助呼吸順暢。木材製油可作驅蟲劑。乾燥果實極為可愛，適合成為手作的材料。

白千層

脫皮樹、日本相思、白瓶刷子樹

Melaleuca cajuputi subsp. *cumingiana*

英文名　Cajeuput-tree、Cajiput Tree
株　高　30-35 公尺
結果期　秋 - 冬季
落果期　冬季
用　途　景觀樹、行道樹、提取精油、藥用

常綠大喬木，樹幹褐白色，常有突起的樹瘤，木栓形成層會向外長出新皮，樹皮褐色或灰白色，鬆如海棉有彈性。原產在澳洲且生長於乾旱地區，當發生森林大火時，利用大量生長且多層的樹皮形成自然的保護層。屬名 *Melaleuca* 意為黑色和白色之意，即指本屬植物經常被火焚燒，形成黑黑的白色樹皮。層層的老樹皮容易剝落，疏鬆如海綿，許多人兒時還曾有剝取做橡皮擦或當做樹皮信箋來書寫的經驗。

USAGE

由於其樹皮特殊、花朵可愛，頗具觀賞價值，再加上它有優良的耐旱、耐鹽、抗風、抗二氧化硫能力，適合植為行道樹、海岸防風林、工業區綠美化樹種。樹皮及葉供藥用，有鎮靜神經之效；可從葉或嫩芽用蒸餾法提煉出白千層精油，具有殺菌的效果，是綠油精、白花油的重要成分。枝葉含芳香油，供藥用及防腐劑使用。

| 果實特色 |

果為蒴果，杯狀或半球形，附著於老枝上，頂端成熟後 3 裂，內有細小的種子，略呈線形。

成熟的果串頗像章魚的吸盤，排列在枝枒之中。

果實 *5mm*

穗狀花序緊密排列似一支小瓶
刷，又名「白瓶刷子樹」。

一層層剝落的樹皮，賦予樹幹
具有彈性的觸感。

白千層樹形優美，常栽培為
庭園樹或行道樹。

嘉寶果

木葡萄、樹葡萄

Plinia cauliflora (Mart.) Kausel

英文名　Jabuticaba
株　高　5-10 公尺
結果期　春季、秋季
落果期　夏季、冬季
用　途　景觀樹、食用

| 果實特色 |

圓形漿果著生在樹幹上，果皮結實光滑與葡萄相似，因此又名「樹葡萄」。成熟時由綠轉為紫黑色，內有褐色種子 1-4 粒。

同種異名 *Myrciaria cauliflora*。嘉寶果為中大型灌木，新葉為淡紅色，四季常綠，樹幹光滑，但表皮易脫落，樹皮乾淨呈灰白或淡褐色。屬於幹生花類型，開花盛況時，滿株枝幹布滿細緻而綿密的白花，種小名 *cauliflora* 意指花開在莖幹上，展現典型的熱帶開花模式。由於其適應環境力強及抗病蟲等特性，目前在台灣廣為種植，生產果實並販售，也有部分做為景觀樹木栽植。

1. 未熟果表皮為綠色。2. 成熟果紫黑色，看似長在樹上的葡萄。

果實 2.5-3.5cm

盛花時，幹生花密布樹幹上。

優美的樹型。

幹生花為熱帶樹木開花的特徵之一。

果肉香甜多汁。

麵包樹

麵包果、麵磅樹

Artocarpus treculianus

英文名	Bread-fruit Tree
株　高	10-15 公尺
結果期	春季
落果期	夏季
用　途	食用、製作用具、種子手作

常綠大喬木，全株含有乳汁。因外型類似麵包且可食用，得名 Bread-fruit Tree（麵包樹）。麵包樹學名過去常和菠蘿蜜 *Artocarpus heterophyllus* 混用；更一度被誤認為太平洋麵包樹 *Artocarpus altilis*。但台灣常見栽種的麵包樹卻是產自菲律賓特有種 *Artocarpus treculianus*。然太平洋麵包樹在台灣是十分罕見的，對太平洋地區島民而言，麵包樹果實除了當食物之外，也是重要的日常用品，還能做為拼板船的材料。在台灣則普遍栽植於達悟族及阿美族部落的蘭嶼及東部地區，達悟族人主要將麵包樹應用於獨木舟重要的造船材料，或是主屋之踏腳板與木盤等日用品。汁液可當作黏接劑；樹皮可用來製作繩索及樹皮布等使用。阿美族稱麵包樹為「巴吉魯」（pacilo）或「vaciol」；中南部阿美族稱為「facidol」；花蓮北邊的南勢阿美群則稱麵包樹為「阿巴魯」(Apalo)。

| 果實特色 |

果實是雌花序多花共同發育而成的聚合果，球形或略近橢圓形，每個果實包含 30-68 朵雌花。果實成熟時會掉落，外表金黃色，就像是烤熟的麵包。

種子
1-1.5cm

果實 15-20cm

麵包樹的樹型。

葉大型，具大鋸齒緣
或全緣，多變化。

採收成熟的標準，可視其聚合果轉黃並出現紅色斑
點時，即表示成熟可以摘採。因其果皮有黏稠汁液，
可將收穫下來的果實先冷凍後再削除外皮，以減少
黏著的現象。可食部分為果肉、橘紅色假種皮及種
子，將其切塊後加排骨、小魚乾煮湯十分美味。另
種子包藏在假種皮中，可烤食或烹煮食用，味道如
花生口味。

以果肉、種子煮成湯品。

構樹

楮樹、構木、噹噹樹、鈔票樹

Broussonetia papyrifera (L.) L'Herit. ex Vent.

英文名　Common Paper Mulberry、Paper Mulberry
株　高　20 公尺
結果期　春 - 夏季
落果期　夏 - 秋季
用　途　木材、造紙、製漆、食用

全島海拔 1,000 公尺以下地區十分普遍，為落葉或半落葉中喬木，樹皮灰褐，富纖維素。構樹有分公母，公樹的花是一根長條形的花束，母樹的花是圓形的花球。公樹會開花，不會結果；母樹的果實是圓球形，成熟時，由綠轉成橘紅色，多汁的果實是鳥兒及各類昆蟲甜美食物的來源。

2015 年，台灣大學鍾國芳教授團隊與智利團隊，利用構樹的雌雄異株難以自然傳播的特性，研究在南島語系地區的構樹葉綠體基因單倍型（Haplotype）差異，證實台灣是「太平洋構樹」的原鄉，為台灣是南島語系原鄉的假說提供了新的證據。

構樹葉形多變，摸起來粗糙。

| 果實特色 |

瘦果多數而集合成一球形的聚合果，肉質、有光澤，成熟時橘紅色，花被及苞片殘存。結實纍纍有如叮噹般掛滿整株，因此又叫做噹噹樹。

橘紅色肉質聚合果垂涎欲滴的模樣，是許多人兒時的零嘴。

果實
3-3.5cm

構樹雌雄異株，雌株會結出圓球狀果實。

USAGE

熟果可生食也能做成果醬。詩經記載：其樹皮可以拿來當印製宣紙、棉紙及鈔票的製作原料，嫩葉是養鹿的好飼料，所以又叫做鹿仔樹、鈔票樹。植株整棵會分泌乳汁，可製成糊料，因此也稱為奶樹。心材可做木板、炭薪，稱為構木。全株均有利用價值。

牛奶榕

牛乳埔、假枇杷、毛天仙果

Ficus erecta Thunb. var. *beecheyana*
(Hook. & Arn.) King

英文名　Milk Fig Tree、Beechey Fig
株　高　7 公尺
結果期　全年
落果期　全年
用　途　造紙、食用、藥用

在台灣全島平地至中海拔山區或森林邊緣，牛奶榕是最常見的樹種之一，為落葉性或半落葉性小喬木，全體被有短毛。因果實外觀似牛的乳房又因內含有大量的白色乳而得名「牛奶榕」。果實可食亦可入藥，稱為「天仙果」；根莖藥用時則稱為「牛乳埔」，或稱「大本牛乳埔」。

桑科榕屬植物具有「隱頭花序」的特徵外，幼葉具有托葉保護。葉片成熟後托葉掉落，在枝條上形成「托葉環」的環狀構造。

| 果實特色 |

隱花果，表面有毛，成熟時紫紅色。果實亦是野外重要的鳥類食物來源，可藉由鳥類進行傳播。

果實長 2cm

USAGE

從根到葉都是寶。樹皮纖維可提供做為紙的材料；鮮果可食，或加糖醃製食用，亦可直接晒乾，製成果乾如無花果一般食用；根莖、果實可燉補及浸漬藥酒之外，枝葉亦具有同樣的效果，民間常以其熬煮風土味十足的牛奶榕雞湯。

胭脂樹

紅木、口紅樹、胭脂木

Bixa orellana L.

英文名　Annatto、Lipstick Tree
株　高　3-6 公尺
結果期　春 - 夏季
落果期　冬 - 春季
用　途　染料、食用色素

為著名的染料植物。台灣於 1910 年引進做為染料作物及園藝植物栽培，中南部較為常見。種子本身不能食用，但可自其種皮萃取出胭脂樹紅，是口紅中常用的染料，也是起司、乳酪常用的食用色素，常見添加在調味料及零食中。在南美洲的原住民會取種子拌合唾液，用手掌搓揉後塗抹臉部、皮膚，做為人體彩繪的材料，用以驅趕昆蟲外，具趨吉避凶等民俗用途；在印度胭脂樹紅是硃砂痣的材料，用以區別女性是否已婚。

1. 於秋季開粉紅色的花，花瓣 5 片，具多數雄蕊。2. 尚未成熟的幼嫩蒴果，外被鮮紅色的軟刺。

| 果實特色 |

冬春季結果，鮮紅色蒴果呈三角形或呈雞心形，密被軟刺，發育中的蒴果會像吸氣球一樣開始膨大。成熟後為紅褐色，蒴果開裂，內含多顆種子。

4-5cm

USAGE

鮮紅色蒴果乾燥後，略呈暗紅色，開裂的果莢可做為乾燥花材運用。種子外種皮做為食物染料時，可染出黃或橘的色澤來，還能增添特殊的風味。

橄樹

諾麗果、紅珠樹、鬼頭果、海巴戟天

Morinda citrifolia L.

英文名　Indian Mulberry、Noni
株　高　5-8公尺
結果期　全年
落果期　全年
用　途　食用、染劑

橄樹分布於恆春半島海岸及蘭嶼，為常綠小喬木，全株光滑無毛，適應力強，耐鹽性佳適合做為綠籬及海岸防風樹種。在生態上可見織葉蟻互利共生的現象，它們喜好在橄樹上築巢，並成為橄樹的衛兵，協助驅除有害的昆蟲。屬名 *Morinda* 意指果實很像桑樹，其特殊的果實氣味會吸引果蝠前來食用，並協助散播橄樹的種子。成熟果實具有強烈臭味，因此澳洲又稱為「乳酪果」或是「嘔吐果」。

花小白色，簇生成頭狀。

| 果實特色 |

卵形漿質的複合果；由肉質增大之花及合生花萼組成。果實剛開始時為綠色，後轉變為黃色，成熟時幾乎變為黃白色，果實內有很多種子。橄樹果實也可以利用海水進行傳播。

熟果為黃白色，
果實 *4-7cm*

USAGE

樹皮可提煉紅色染料，而根部則能製出黃色染料。新鮮或煮過的果實在某些太平洋島嶼也被當地人拿來當做主食。東南亞與澳洲原住民會以鮮果沾鹽生食，或是將果實加入咖哩內一起煮食。其果實漿果可被用於製作諾麗果汁。

咖啡

Coffea arabica L.

英文名　Coffee
株　高　3-6 公尺
結果期　春 - 夏季
落果期　秋 - 冬季
用　途　飲用、種子盆栽

咖啡的發現可以追溯到 9 世紀的非洲衣索比亞西南部的高原地區，當地牧羊人偶然發現他的羊吃了咖啡豆後，變得興奮活潑，繼而發現咖啡。Coffee 字意源自阿拉伯語 qahwa，即為「植物飲料」的意思。如今咖啡已變成不可或缺的日常飲品，更是全世界最流行的飲料作物之一。

咖啡為常綠喬木，栽培品種繁多，如：阿拉比卡（Arabica）、羅貝斯塔（Robusta）等等。咖啡的生長帶位於南回歸線與北回歸線之間，以及赤道附近的熱帶地區，台灣的氣候環境適合種植，近年亦成為重要的林下經濟栽培作物之一。

| 果實特色 |

花後結出漿果，初為綠色，成熟時呈鮮紅色，常見內含 2 顆種子，偶見單顆種子，稱為單豆或圓豆（Perla）。

長 1-1.5cm
寬 5-8 mm

1. 尚未成熟呈鮮綠色的果實。2. 成熟後狀似櫻桃般鮮紅，歐美也常暱稱為 Cherry。

咖啡樹盛花期，葉腋間滿是白色小花，散發茉莉香。

採摘成熟果實，經水洗乾燥後的豆子，潔白無瑕。

烘焙過的咖啡豆才能研磨沖泡成飲品。

咖啡樹耐陰性佳，近年來咖啡樹的種子也常被栽培成小盆栽，大大圓圓的本葉形狀引人注目，使其成為受歡迎的室內觀賞植物。種子乾燥烘焙後，也可做為種子藝術創作的素材。

咖啡種子盆栽。

大頭茶

山茶花、花東青、山椿、台灣椿

Polyspora axillaris (Roxb. ex Ker Gawl.) Sweet

英文名　Fried Egg Plant、Taiwan Gordonia
株　高　3-6 公尺
結果期　冬 - 春季
落果期　春 - 夏季
用　途　建材、果實手作

同種異名 *Gordonia axillaris*。常見分布於中、低海拔地區，為常綠中喬木，屬於陽性的先驅植物，樹皮常呈灰褐色或灰白色。大頭茶具革質的葉片，耐風及耐旱，能生長在迎風處，對環境適應性佳，近年也做為台灣原生樹種推廣栽植。花期冬、春季，滿地的落花煞為美觀，其黃色的雄蕊狀似蛋黃，又像是落在地上的煎蛋一樣，因此又名「煎蛋樹」。

1

2

1. 大頭茶的綠色未成熟蒴果。枝梢上常同時可觀察到去年成熟開裂的木質蒴果。2. 花朵於葉腋開花，白色花無梗或短梗，具有淡淡香氣。

| 果實特色 |

具黑褐色長橢圓形的木質蒴果，子房 3-5 室，常見 5-6 瓣裂，內含具扁平、帶翅的種子，藉由風力傳播。

開裂的木質蒴果像朵小花。

蒴果長約
2.5-3cm

種子寬約
3-5mm

─ USAGE ─

木材淡紅色，質地密緻堅韌，可供做為建築材料。黑褐色的木質蒴果能用做乾燥花材。

草海桐

海蓮草、水草仔、大網梢、細葉水草

Scaevola taccada (Gaertner) Roxb.

英文名	Sea Lettuce、Half Flower
株　高	1-3 公尺
結果期	春 - 夏季
落果期	夏季
用　途	景觀樹、造紙

台灣各地岩石及珊瑚礁隆起海岸及島嶼均常見，為匍匐狀常綠多年生小灌木，莖部粗大，葉肉質性，叢集於株條頂端。近年被做為原生景觀植物，因其葉色翠綠、灌叢狀的生長型態，加上花形特殊、白色核果具觀賞性，廣植做為綠籬及造景使用。春至夏季開花，花序生於葉腋，花萼五裂，花冠筒狀，左右對稱而非輻射對稱，讓花看起來好似缺了一半的殘花，因此又有英名「Half Flower」之稱。

樹冠呈現圓滿狀，適合做為庭園景觀植物。

| 果實特色 |

全年結果，夏季為盛產期。果實為橢圓形核果，成熟時白色，被增大的宿萼所包覆，多汁而味美，可供食用。

果實
1-1.5cm

花形特殊，呈半圓狀。

USAGE

適合做為海濱防風及綠美化樹種。常用為花壇、盆栽之觀賞植物。草海桐莖髓發達如蓪草心，因此又稱為「海蓪草」，可以替代成為造紙的原料。

杜虹花

台灣紫珠、粗糠仔、毛將軍、大丁黃

Callicarpa formosana var. formosana

英文名　Formosan Beauty-berry
株　高　1.5-5 公尺
結果期　春 - 秋季
落果期　夏 - 秋季
用　途　花藝素材

分布於台灣全島各地低海拔亞熱帶次生林 1,800 公尺以下山區，葉及花序均密被星狀毛，故又有「毛將軍」之稱。三月杜虹花開，粉紅色花團錦簇，布滿在全島各地荒郊野地，果實亦是鳥類重要的食物來源。因布農族會將杜虹花的樹皮和樟樹樹皮合嚼來代替檳榔，所以又稱為「山檳榔」，用以驅除疫癘之氣。

有人形容杜虹花的花團像螃蟹吐泡泡，所以又叫「螃蟹花」。

| 果實特色 |

果實為漿質核果，球形，成熟時紫色；呈小珠子狀一串串排列於樹上，得名「紫珠」。

野生鳥類喜食，亦藉此傳播。

果實 2-3mm

── USAGE ──

花、果可供觀賞及插花花材，栽種於路旁及庭院中可美化景觀。

龍船花
赬桐、圓錐大青、瘋婆花

Clerodendrum japonicum var. japonicum

英文名　Red Glory Bower、Kaempfer's Glorybower
株　高　1-2 公尺
結果期　夏 - 秋季
落果期　秋 - 冬季
用　途　景觀美化

同種異名 *Clerodendrum kaempferi*。清朝時自華南等地引入台灣，自庭園逸出後，現今全島均有分布，但中、南部較為常見。它是常綠亞灌木或為高大的多年生草本植物，易生蘗芽，四散的根能再生植株，常呈植群狀，生長在半遮蔭的樹林下、果園以及灌叢間，且開花性良好，能做為光線不佳處之植栽，也為極佳的蜜源植物。因盛花期近於端午節，故名「龍船花」。但在台灣環境，花期不穩定，能由春天開到秋天、幾近終年！因此還被戲稱為「瘋婆子花」、「起瘋花」。此外，因龍船花的葉片與油桐相似，花紅如火，又名「赬桐」。

1. 十分耐蔭，能在樹蔭下開花。2. 雄蕊約為花冠筒的 2 倍長，這特長的雄蕊特徵在其他植物不常見。

| 果實特色 |

紫黑色果實，內含球形核果，約 0.8-1 公分，有 4 顆種子，未熟果由藍綠色漸漸成熟後轉為紫黑。

黑色的核果
0.8-1cm

每個果實有 4 顆種子。

木本 ── 唇形科

核果 ── 無毒

159

檳榔

賓門、螺果、洗瘴丹、青仔

Areca catechu L.

英文名　Betel Palm、Areca Nut
株　高　18 公尺
結果期　初夏
落果期　夏末
用　途　食用、祭祀、手作、建材

「檳榔」一詞源於馬來語「pinang」。種小名 catechu 代表植物中可提煉出兒茶酚的汁液。檳榔是台灣低海拔山坡地特有作物之一，每株每年結果量可達數百粒之多。檳榔具有社會功能，聯絡情誼、占卜、祭祀及祭典等場合使用，「賓」與「郎」皆為貴客的稱呼，更是在傳統的婚宴會出現招待貴賓的珍品。不只台灣有嚼食檳榔的習慣，中國的湖南、四川，以及越南、非律賓等南島語系民族也會嚼食檳榔。

富有纖維的中種皮。

| 果實特色 |

核果呈卵狀橢圓形，外種皮薄；中種皮偏黃褐色，富纖維質；內種皮為核，呈三角錐狀。成熟果實從綠轉成橙黃色。

果實長
4~5cm

種子
1.5~2cm

1. 高挺的檳榔樹洋溢著南洋風情，更可供建材使用。2. 幼嫩的青果稱為青仔。3. 成熟掉落的果實，外種皮乾燥後褐化。液態胚乳會成熟硬化，去除種皮即可得到種仁。

檳榔的樹幹可做為住屋的柱子、桁樑建材。「檳榔葉鞘」更是許多原住民盛裝食物的容器或餐具，將葉兩端固定後，以竹籤穿過便能用來盛裝湯水。

在阿美族文化中，檳榔是節慶和連絡感情的零食，更是男女示愛的信物。檳榔富含纖維，排灣族認為嚼檳榔有助於牙齒健康，是一種刷牙潔齒的方式。

檳榔也是藥用植物之一，早年將它剖開煮水喝，有驅蛔蟲、健胃、去瘴癘及止痢的功效。檳榔筍為檳榔的莖頂幼嫩部份，又稱「半天筍」，和幼嫩的花序都可做為野蔬料理食用。

種仁透過砂紙磨過後會呈現美麗的花紋，種子質硬且外型特別，常運用於種子創作。建議以自然落下的果實為最佳，代表果實內的種仁已經硬化成熟，晒乾後去皮即可取下使用。

打磨種仁顯露出美麗的花紋。黏上樹枝變成小蘑菇。
作品設計 / 許惠婷

山棕

虎尾棕、黑棕、棕梠、台灣砂糖椰子

Arenga tremula Baccari

英文名　Formosan Sugar Palm、Taiwan Sugar Palm
株　高　1-3 公尺
結果期　春 - 夏季
落果期　夏 - 秋季
用　途　製糖、食用、庭園樹

分布於日本南部、琉球、熱帶亞洲。台灣全島低海拔山區森林底層常可見其蹤影，是兼具民俗和生態意義的植物，它的花是蜜蜂、紫蛇目蝶等的蜜源植物，果實也為野生動物提供食物，包括台灣獼猴和白鼻心。原生於樹底層或林緣處，耐陰性佳，莖矮小叢生。大型羽狀葉簇生幹頂；葉片互生，邊緣齒牙狀，先端咬切狀，表面為有光澤的濃綠色，裏面則為灰白色。

果實 1.5-2cm

| 果實特色 |

球形核果成熟時轉黃、變紅至黑色，果實下部有宿存花被片，內含 3 顆種子。

叢生狀的山棕耐陰性佳，成株姿態優美。

葉柄基部的黑色棕毛。

─── USAGE ───

樹姿優美是理想的觀賞庭園樹，嫩芽及嫩心還可以食用，將其葉柄碾碎後能製糖，因而得名「台灣砂糖椰子」。葉柄基部有黑色棕毛，可製作成小掃帚及刷子。羽狀葉晒乾後，也可用作掃軸或是搭蓋涼亭的材料。

藍棕櫚

羅傑氏櫚、藍脈梠、藍脈葵、藍葉棕

Latania loddigesii Mart.

英文名　Bourbon Palm、Loddiges Latania Palm
株　高　15 公尺
結果期　春季
落果期　春 - 夏季
用　途　景觀樹、種子手作

分布於模里西斯、馬達加斯加。樹姿壯潤霸氣十足，葉色質地呈藍灰色予人印象深刻，是極佳的園藝景觀樹種，常見於各大公園及景觀飯店，但其實在原產地已是稀有種植物。幹直立，成群葉片如手臂往水平或是下垂開展成圓形樹冠。葉帶白粉為多摺扇形狀，和蒲葵的葉子相比，較為硬挺。而藍棕櫚非常抗乾旱，對低溫也有極高的耐受性，唯生長速度較緩慢，能夠長成適合觀賞的高度，需要數年以上的養成時間。

| 果實特色 |

果實為核果，呈倒卵形或洋梨形，有 3 稜，未成熟時為青綠色，熟後轉為褐色；內有 1-3 粒水滴狀種子，表面有著木頭雕刻般紋路，頗具特色。

未熟果為綠色。

果實
6cm

種子
4-5cm

適合種植為庭園景觀樹種，充滿南洋風格。種子外觀奇趣，常見製成各類種子飾品及藝術品，近年亦可見藍棕櫚櫚的種子盆栽在市面上銷售。

作品設計 / 魏祖林

木本 ｜ 棕櫚科

核果 ｜ 無毒

蒲葵

扇椰子、葵扇子、扇葉葵

Livistona chinensis (Jacq.) R. Br. var.
subglobosa (Hassk.) Beccari

株　高	10-15 公尺
結果期	全年
落果期	全年
用　途	景觀樹、種子手作

蒲葵是台灣原生種棕櫚科植物之一，於龜山島有原
生林的分布。因葉形特殊美觀，生性強健，耐風抗
鹽，常見用於行道樹與庭園景觀植物。葉片晒乾後，
可編織製成笠帽、葵扇等物品。外觀與華盛頓棕櫚
（*Washingtonia filifera*）極為相似，但蒲葵老葉會脫
落，在樹幹形成環狀剝落；而華盛頓棕櫚則老葉不
脫落形成樹裙的外觀。屬於常綠喬木，樹幹通直不
分枝，單葉叢生於頂端，大而扇形深裂，葉端還有
分裂，而裂開的地方呈弧形下垂。

樹形直挺高聳，葉片婆娑生姿，適合種植於全日照溫暖環境。

｜ 果實特色 ｜

果實為藍綠色，長橢圓形，成熟後變成
黑褐色，像是小顆葡萄，內有一粒種子。

種子 1.5-2cm

去皮後的種仁。

USAGE

葉鞘因具長纖維，可用
於製作繩索。種子經
打磨後有啞光，可用做
綴珠運用於種子手環及
其他藝品的創作。蒲葵
小苗姿態可愛，耐陰性
佳，近年也常見種子盆
栽的園藝商品。

台灣海棗

桄榔、台灣桄榔、台灣糠榔

Phoenix hanceana Schaedtler

英文名　Taiwan Date Palm、Formosan Date Palm
株　高　7-8 公尺
結果期　春 - 夏季
落果期　夏 - 秋季
用　途　景觀樹、食用

分布於全島低地及海岸荒地，尤其在恒春半島、東部海岸及各離島的海濱丘陵地常見。台灣海棗與台灣油杉、台灣穗花杉、台東蘇鐵並稱「台灣四大奇木」，這四種植物均為大冰河時期即存在的植物（即孑遺植物），是名符其實的台灣活化石、國寶植物。果實也是台灣野生動物主要食物來源之一。

1. 小葉基部鑷合狀，並上下成列生長於羽葉中軸上。2. 葉柄基部小葉變態成棘刺狀，為海棗鑑別上的植物特徵之一。

| 果實特色 |

果實為長橢圓形漿果，初橙色、後變為黑色，甜度高，可食但果肉不多；種子褐色，長約 1.2 公分，寬約 0.5 公分，中間有一條縱裂。

果實長約
1.2cm

海棗類的植物，葉柄會殘存於樹幹上，留下疣狀落葉痕跡，最後變成狀似鱷魚皮的紋理，因此英文俗名稱為 Crocodile Tree。

─── USAGE ───

台灣海棗常做為公園、庭園、校園之景觀樹及行道樹之用。閩南語稱「木糠榔」，在早年先民們會以嫩芽為食，可生食、炒食或煮食，但以燜煮風味最佳。此外，其成熟的黑紫色果實味道有如紅棗，生食或醃漬均可。在物資匱乏的年代，其老葉可製作成掃把，稱做「糠榔帚」。

木本 — 棕櫚科

漿果 — 無毒

馬尼拉椰子

聖誕椰子、口紅椰子

Veitchia merrillii (Becc.) H. E. Moore

英文名　Manila Palm、Christmas Palm、Kerpis Palm
株　高　5 公尺
結果期　春 - 夏初
落果期　春 - 夏初
用　途　景觀樹、種子手作

馬尼拉椰子原產於菲律賓，是世界著名的景觀植物；更因其艷紅色果實在綠葉的對比下，具有聖誕佳節的氛圍而得名「聖誕椰子」。常綠小喬木，樹幹單一，灰白色，環節不明顯，外型似檳榔樹，但檳榔樹幹環節較為明顯。羽狀複葉，約有 12 片，匯集於莖頂，每片葉片長可達 150 公分。樹姿優美，耐熱又耐旱，果實鮮豔，適合做為庭園觀賞樹或行道樹。

熟時成串鮮紅色果實，充滿佳節氣氛。

| 果實特色 |

橢圓形核果，兩端尖、有尾突，青果呈綠色，熟果則轉為鮮紅色。中果皮為淺褐色纖維包裹種子，種子則為橢圓形。

種子
2cm

果實
3cm

將中果皮纖維刷洗淨後呈現白色，貌似迷你版老鼠。

經常可見掉落一地的果實。

USAGE

由種子育苗而來的盆栽適合於室內栽培觀賞。乾燥後的種子適合做為創作材料。

狐尾椰子
狐尾棕

Wodyetia bifurcata A. K. Irvine

英文名　Foxtail Palm、Wodyetia Palm
株　高　12-15 公尺
結果期　夏 - 秋季
落果期　秋 - 冬季
用　途　景觀樹、種子手作

1978 年，澳洲原住民 Wodyeti 將狐尾椰子帶到植物學家們面前，才被世人廣知。狐尾椰子屬名便以 Wodyetia 之名命名，並成為澳洲的特有植物。整理後的種子外觀，具有雕刻般的紋路，形似小老鼠討喜又易於栽培，受到種子創作者及種子盆栽愛好者的歡迎，卻也因此遭非法採集，原生族群幾乎滅絕。所幸，經人工大量培育，現在已經遍植全世界，成為最受歡迎的棕櫚科植物之一。

植株高大通直，略似酒瓶狀，因有著長羽狀葉而得名「狐尾」。

| 果實特色 |

果實成熟時橘紅色，相當醒目，剝除漿果般的外殼，內有黑褐色種子，種子質地硬且帶棕色鬚毛。將鬚毛刷去後可見如精刻雕鑿般的紋路。

果實
4-5cm

渾然天成的紋路。

USAGE

適合做為園藝觀賞植物，種植於大型綠地公園、庭院、飯店及校園。刷洗過後的種子十分討喜，常做為創作材料。

作品設計 / 許惠婷

板栗

栗子、毛栗子、魁栗、風栗

Castanea mollissima Blume

英文名	Chinese Chestnut
株　高	20 公尺
結果期	夏 - 秋季
落果期	秋季
用　途	食用

板栗為落葉喬木，果實滋味甜美，在東亞廣泛栽培，已經有超過 300 個栽培品種選育出來用於產出栗子，按區域可大致分為南方板栗和北方板栗兩大類。目前在台灣，板栗為外來引進種，經歷選種、接枝、馴化過程，在嘉義中埔鄉育出適合低海拔的品種，並進行大量種植採收及銷售。野外的栗子亦提供野生動物食物來源。

盛果期時，可見滿樹結實纍纍。果實總苞具密刺，十分刺人。

| 果實特色 |

果實總苞具密刺，大小差異較大，從徑長 5-10 公分皆有。內含 2-3 顆棕色有光澤的堅果，即俗稱的栗子，有時可達 4 枚或以上。

頂端被絨毛。

果實包裹著 2-3 顆種子。

果實 5-10cm

種子 2-3cm

USAGE

堅果價值高又美味，非常適合食用，除了糖炒栗子外，也經常是粽子、佛跳牆的食材之一。

食用的種仁。

小西氏石櫟

油葉柯、油葉石櫟、幼葉杜仔

Lithocarpus konishii (Hayata) Hayata

照片提供／施郁庭

英文名　Konishii Tanoak
株　高　10-15 公尺
結果期　夏 - 秋季
落果期　秋 - 冬季
用　途　景觀樹、果實手作

常綠小喬木，台灣常見分布在中、南部及東部低海拔 500-700 公尺闊葉林中。葉呈倒卵形，上半部有粗鋸齒，先端漸尖至尾狀，嫩葉基部常有星狀毛。屬名 *Lithocarpus* 即形容本屬植物的種子常被有堅硬的木質外殼保護，狀似石頭般堅硬。果實有許多野生齧齒類動物如松鼠喜愛啃食。堅果呈壓縮的球形，過去人們經常將它用作外套和籃子的釦子，還曾經一度外銷做為鈕扣材料。

| 果實特色 |

殼斗呈盤形或淺碟形，僅包覆不到堅果一半，內面疏生毛茸；苞鱗三角形，覆瓦狀排列，略帶有毛茸或光滑無毛。堅果壓縮狀球形或橢圓形，先端常有柱座，基部圓鈍而截斷狀。

堅果　柱座

殼斗

果實寬 2.5–3cm
高 2–2.5cm

苞鱗為三角形，呈覆瓦狀排列。

1.小葉倒卵形，尾尖。2.穗狀花序，雌雄同株。花為白色，花期在 3-7 月。照片提供／施郁庭

USAGE

樹姿優美可推廣做為園藝景觀栽培。其堅果外觀極具吸引力，深受種子迷的青睞。

青剛櫟

校欑、鐵青岡、青岡、九鑽

Quercus glauca var. *glauca* Thunb.

英文名　Ring-cupped Oak、Blue Japanese Oak
株　高　15-20 公尺
結果期　秋季 - 冬季
落果期　冬季
用　途　景觀樹、果實手作

台灣主要分布於海拔 2,000 公尺以下之闊葉樹林內，為常綠喬木，樹冠濃密，葉面光亮、葉背有白毛。木材淡黃褐色，材質堅韌，過去也被當成枕木使用；亦可作農具之器具柄用材。木屑可以用於香菇的培養基底，並且保留樹幹，為永續樹種。其種子富含澱粉、蛋白質等成分，種仁雖苦澀不堪食用，但卻是台灣許多哺乳類動物重要的食物來源，如：松鼠、台灣黑熊等。

青剛櫟是平地最常見的殼斗科植物。
葉緣中部以上有鋸齒緣，下半部則為全緣。

| 果實特色 |

堅果橢圓球形，殼斗杯形，包圍堅果之 1/4；苞鱗合生成 7-11 條同心環帶，環帶全緣，被絹毛。果實基部具帶有同心環的線痕，上有凸起柱座。柱座上有宿存雌花。

堅果

有 7-11 條同心環帶

殼斗

果實長 2-2.5cm

柱座

USAGE

青剛櫟因樹型優美也為本土樹種，同時具有觀果、觀葉的特色，近年常做為行道樹、都市綠化樹種，亦常刻意栽種做為大型綠籬防風用。加上近年來殼斗科果實因造型奇趣，成為人們蒐集的標本或做童玩、手工藝品的材料，而青剛櫟便是容易取得的種類之一。

太魯閣櫟
火炭樹

Quercus tarokoensis Hayata

英文名　Taroko Oak
株　高　12-15 公尺
結果期　秋 - 冬季
落果期　冬季
用　途　薪炭木材

太魯閣櫟是 1917 年，早田义藏與佐佐木舜兩位在花蓮新城、巴達岡與太魯閣一帶發現。種小名 *tarokoensis* 就是指發現地在太魯閣。不僅是台灣特有種，也是台灣的稀有植物，僅生長於東部海拔 250-1,250 公尺的溪流兩岸、河谷峭壁上，多見於花蓮太魯閣至天祥一帶，為石灰壁上的優勢種。太魯閣櫟屬於常綠中喬木，具灰褐色樹皮，常有片狀剝落或淺裂。嫩枝被有褐色星狀毛，單葉螺旋狀互生，長僅約 3-5.5 公分，也是台灣殼斗科植物當中，葉子最小的種類。

果實不大，常隱没在葉叢中，要仔細觀察。

| 果實特色 |

果實為堅果，先端具柱狀小尖突。殼斗盤狀，被長柔毛，鱗片三角形，呈覆瓦狀排列。

果實長 *1.4-1.8cm*

殼斗

堅果

果實成熟時轉為深褐色。

USAGE

木材質地堅硬耐燃燒，常用做農具或薪炭材，得名「火炭樹」。

栓皮櫟

軟木櫟、猴櫟、綿櫟、粗皮櫟

Quercus variabilis Blume

英文名　Chinese Cork Oak、Cork Oak
株　高　15 公尺
結果期　秋 - 冬季
落果期　冬季
用　途　建材、染料、防火林、香菇段木、果實手作

栓皮櫟為落葉喬木，樹皮灰褐色，具不規則縱向深溝裂。生性強健，耐旱、抗風又耐火，適應性佳，分布於台灣全境海拔 600-2,200 公尺之間的陽光充足地區，成為火災後次生林的重要樹種，常成純林狀態分布。樹皮木栓層厚軟而有彈性，可用於製作成軟木塞，因此又名「軟木櫟」。在布農族中，栓皮櫟被稱為「halmut」，意指整個樹皮厚厚包住樹幹的特性。在鄒族特富野部落附近，有個地名稱「kakaemutu」，其意為栓皮櫟豐富的地方。

| 果實特色 |

殼斗杯狀，殼斗外面被粗刺狀反折的鱗片，黃綠色，幾乎無柄，包圍堅果 2/3 以上。堅果近球形或卵形，光滑先端有尖突，種子發芽率高。

果實 2-4cm

殼斗外型像似捲髮般。

殼斗　　　　　　　　　　堅果

1. 葉革質，葉緣為芒尖鋸齒緣，下表面灰白色。2. 發育中的果實。

1

2

──── USAGE ────

種子含澱粉，烤過可食，也可釀酒或製作成飼料。殼斗含鞣質，可作染料或提取栲膠。木材可供建築、樹幹也可做為栽培香菇的段木。

造型特殊的殼斗，常運用於種子手作。

狹葉櫟

柳葉青岡、狹葉樹、狹葉高山櫟、
台灣窄葉青岡

Quercus salicina Blume

英文名　Alishan Oak、Arishan Oak
株　高　15 公尺
結果期　秋季
落果期　冬季
用　途　建材、農具木材

同種異名 *Quercus stenophylloides*。台灣特有種的
狹葉櫟屬於常綠喬木，局限分布於中部及北部地
區，尤其常見於中央山脈海拔 800-2,000 公尺的
森林中。狹葉櫟為多種蝴蝶之食草，如：西藏綠
峽蝶、高山鐵灰蝶、阿里山長尾小灰蝶等；果實
則為齧齒類野生動物食物來源之一。樹皮呈灰白
色且有明顯開紋裂。單葉呈螺旋狀互生，葉形為
卵狀長橢圓形或披針形，其種小名 *stenophylloides*
即形容本種葉片狹長之特徵；葉緣則為鋸齒緣且
呈短芒刺狀，下表面具白色附屬物，呈灰白色、
粉綠色或綠色，花期在 4-6 月。

宿存雌花。

殼斗有絨毛，
有 8-9 環鱗片。

有發育中的果實。

| 果實特色 |

殼斗被絨毛，有 8-9 環鱗
片，包覆堅果 1/2 至 1/3。
堅果基部具帶有同心環線
痕之凸起柱座，上有宿存
雌花。堅果的形狀變化多，
從扁球形、圓球形、橢圓
形、到圓錐形皆有，內有
一枚種子。

果實長 2-2.5cm
果實成熟時為深褐色。

─── USAGE ───
木材堅重，可用為建物構
造材及農具等。

捲斗櫟

金斗櫟、紅校欑（埔里）、
絨毛金斗椆、毛果青岡

Quercus pachyloma Seemen

英文名　Revolute Cupule Oak
株　高　10-15 公尺
結果期　秋季
落果期　秋 - 冬季
用　途　建材、農具木材、果實手作

台灣常見生長在海拔 200-1,600 公尺，
以南投埔里、蓮華池及恆春半島森林中常
見。捲斗櫟因其密生金黃或黃褐色柔毛的
殼斗，其邊緣開展呈現微反捲或波浪狀緣，
極具特色，得名「金斗櫟」、「金斗椆」
等名。屬於常綠小喬木或中喬木，嫩枝及
葉均被紫色或黃色絨毛。單葉，螺旋狀互
生，葉形為長橢圓狀或披針形，葉緣為全
緣或先端 1/3-1/2 處有淺鋸齒緣，花期在
4-5 月。

嫩芽為紅色，具絨毛。照片提供／施郁庭

照片提供／林奐慶

| 果實特色 |

殼斗呈杯形或大盤狀，常將堅果的 1/2 至 2/3 包住，
密生黃褐色絨毛，內面中部以下的毛為深褐色；苞
片鱗合生為 7-8 條同心環，環帶全緣，有毛茸；尖
果長橢圓形，幼時密生黃褐色柔毛，成熟時毛茸脫
落；果臍略突起。

邊緣具波浪狀、平展
或是捲曲多變化。

堅果長 2~2.5cm
寬 1~1.5cm

殼斗上密被黃
褐色絨毛。

殼斗的型態非常多樣化。

台灣欒樹

苦楝舅

Koelreuteria henryi Dümmer

英文名　Flame Gold-rain Tree、
　　　　Taiwan Golden-rain Tree
株　高　20 公尺
結果期　秋 - 冬季
落果期　冬季
用　途　景觀樹、染料、板材、種子盆栽

台灣特有樹種，更是全球著名的亞熱帶花木之一。屬於落葉大喬木，分布於全島低海拔的闊葉林中，也廣泛種植於人行道或是公園內，因葉形似苦楝又名「苦楝舅」。入秋時節正值花期，常見一樹會有褐色的樹幹、綠葉、黃花及紅色蒴果（或說紅色蒴果乾枯成為褐色），共計四色，又名「四色樹」。柔黃色的圓錐花序密生於樹頂像是金雨灑落，因此又有「台灣金雨樹 Taiwan Golden-rain Tree」之稱。

1. 樹姿優美，花色多變化，是優良的園景樹、行道樹。
2. 柔黃色的圓錐花序密生於樹頂。

| 果實特色 |

果實為蒴果，由粉紅色三瓣片合成像似紅色的小氣球，成熟時轉為褐色，蒴果顏色由淡紅轉為紫褐，從果瓣中肋裂開，種子夾在 3 個瓣片之中，呈黑褐色。

→ 果實 **3-4cm**
果實有如紅色氣球。

果瓣中成熟的黑褐色種子。

── USAGE ──

秋季花季來臨時，金色的落花，收集後可供做染材，能染出黃色來。其木材黃白色，質脆易開裂，可為板材和家具用材。冬春季可撿拾其大量的種子，栽培成種子盆栽，欣賞細緻的葉形。

番龍眼
台東龍眼、番仔龍眼、拔那龍眼

Pometia pinnata J. R. Forst. & G. Forst.

英文名　Fiji Longan
株　高　25 公尺
結果期　春 - 夏季
落果期　夏季
用　途　建材、薪柴、食用

生長在海拔 800 公尺以下，常見分布於東部、蘭嶼，為常綠中至大喬木，樹幹基部會形成「板根」，因分布於台東及蘭嶼，又名「台東龍眼」或「蘭嶼龍眼」。番龍眼是蘭嶼最重要的經濟用材與果樹，達悟族使用其樹幹與板根做為屋內的宗柱、牆板、厚木地板，更是船首、船尾板、座墊的用材；就連盛裝飛魚的木盤、搗檳榔之臼也都使用番龍眼。此外，熔解銀器時用的薪柴、織布機的刀狀打棒構件，以及男性老人佩戴半月形的項飾等等，都以番龍眼為材料。

遠觀時與同科的無患子及龍眼樹十分的相似。

| 果實特色 |

圓球形核果，成熟時為橄欖綠色，果皮厚約 0.1 公分，每個果實內含一粒種子，種子褐色，包覆著如龍眼一般的透明黏質假種皮，甜美多汁。

果實 3-5cm

透明黏質的假種皮，甜美多汁。

種子 2.8-4.8cm

── USAGE ──

成熟果實可食用，為原生果樹之一，近年於東部及南部有少量栽培，是蘭嶼海岸林成員之一，也可供行道樹、誘鳥樹使用。

無患子

黃目子 (台語)、肥皂果樹

Sapindus mukorossi Gaertn.

英文名　Soap-nut Tree
株　高　20公尺
結果期　秋 - 冬季
落果期　春季
用　途　清潔、榨油、種子手作

相傳以無患樹的木材製成的木棒可以驅魔殺鬼，得名一無患。屬名 *Sapindus* 由拉丁文 sapo （肥皂）和 indicus （印度的）結合而來，意思是植物的樹皮和果實，為印度人用來做洗滌衣服的肥皂。無患子為低海拔常見落葉喬木，秋冬落葉時整樹葉子由綠轉鮮黃，極為壯觀，目前常被種植在校園、公園及行道樹。雌蕊由 3 個心皮構成，但通常僅 1 個心皮發育，因此果實常成一大兩小或偶有兩大一小的情形，只有少數 3 個心皮等大發育。

樹型優美，適合做為景觀樹。

| 果實特色 |

核果成熟時果實會由綠色轉為半透明的棕色，果皮皺縮後，能看到一條條維管束以及黑色的種子。黑色種子上可見白色毛狀物，為其假種皮部分。同為無患子科的荔枝和龍眼的假種皮則是令人垂涎欲滴的果肉。

果實 2cm

果實成熟之後，果皮逐漸皺縮。

白色毛狀物為假種皮。

種子 1.5cm

───── USAGE ─────

果皮含有皂素，用水搓揉會產生泡沫，可做為清潔劑。果實覆蓋的假種皮可榨油供製肥皂和潤滑油之用；種子堅硬可串成念珠。木材還能製作成槍托。

台灣三角楓

三角楓、台灣伯機

Acer albopurpurascens var. *formosanum*

英文名　Taiwan Buerger Maple、
　　　　Taiwan Trident Maple
株　高　3-6 公尺
結果期　春 - 夏季
落果期　秋 - 冬季
用　途　景觀樹、盆景樹

同種異名 *Acer buergerianum formosanum*。
分布於北部海岸森林，為台灣特有樹種，
然而其族群分布狹隘，原生地僅偏限在北
台灣萬里海岸、基隆仙洞及北勢溪沿岸。
楓樹科近來在分類上，重新歸類在無患子
科楓屬之下。農委會「自然資源與生態資
料庫」已將台灣三角楓列為「嚴重瀕臨絕
滅（Critically Endangered）」等級。台灣
三角楓耐修剪、耐旱、抗風性及抗空氣污
染性佳，適合推廣栽培為景觀植物，例如
台北市兒童樂園內便培育了相當數量，為
園區增添獨特的生態風貌。

1. 葉形為掌狀三淺裂葉。2. 萌芽時即開花。小花
開放在枝梢頂端，呈淡白或淡黃色。3. 尚未成熟
的翅果。

1

2

3

| 果實特色 |

春季開花之時，也能同時看見去年成熟高掛的翅
果。一對對的翅果利用風力傳播。

種子外觀質地細緻有型。

熟果為褐色。

翅果長約 *3cm*

種子寬約 *5mm*

── USAGE ──

除做為景觀植栽之外，三角楓也做盆景木，用
於小品盆栽的創作。

蒜香藤
紫鈴藤

Mansoa alliacea (Lam.) A.H.Gentry

英文名　Garlic Vine
株　高　木質藤本，高度不定
結果期　秋 - 冬季
落果期　冬 - 春季
用　途　綠籬、棚架景觀

蒜香藤開花性良好，初開淡粉紅，凋謝時為淡紫色。

常綠蔓性木質藤本，莖木質化，可達 10 公尺以上，因葉片及花朵散發濃郁的蒜味而得名。蒜香藤同樣含有大蒜油的成分，可替代大蒜用於料理，其濃郁的蒜味還能驅蚊，因此蒜香藤病蟲害極少。在春夏季及秋季共開 2 次花，以秋季的花況較佳，唯花期不長，僅約一週左右。它的花語也十分浪漫，含有「互相思念」、「遙寄相思」的意思，或許正是這獨特的香氣讓人難以忘懷！

| 果實特色 |

蒴果約 15 公分長，台灣偶見結果。果實成熟後，由果柄基部開裂，裡面有許多具薄翅狀外膜的種子，藉由風力傳播。

綠色扁長的蒴果。

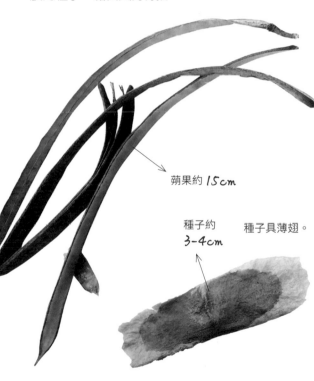

蒴果約 15cm

種子約 3-4cm　種子具薄翅。

木本 — 紫葳科 — 蒴果 — 無毒

USAGE

盆植或露地栽培皆宜，對土壤的適應性佳，常種植為庭園藤本植物，運用於大型綠籬、圍牆或涼亭。栽培時需設立棚架，讓它攀緣生長。

藍花楹

巴西紫葳

Jacaranda acutifolia Bonpl.

英文名　Jacaranda
株　高　20 公尺
結果期　夏 - 秋季
落果期　冬季
用　途　景觀樹、行道樹、果實手作

1922 年引進台灣栽植的藍花楹是一種落葉喬木，葉為奇數二回羽狀複葉，植株高大，目前多種植於公園或人行道，屬於優良的景觀植物。春天開花，著生於枝條，藍紫色花冠盛開時讓周邊充滿淡雅氛圍，深受人們喜愛。南非行政首都普利托利亞有「藍花楹之城」（英語 Jacaranda City、南非語 Jakarandastad）的美譽，每當春天來臨，藍花楹盛開的花朵讓整個城市呈現一片藍色的景象。

盛花時會使環境充滿紫色浪漫氛圍。

| 果實特色 |

果實為近圓形的扁平蒴果，略似龜殼狀，邊緣裙狀，常呈波緣狀，未熟時青綠色，成熟後黑褐色；成熟果實會在樹上直接開裂，膜狀帶薄翅種子會藉由風力傳播繁殖。

蒴果成熟後為黑褐色並在樹上開裂。

果實
6cm

USAGE

適合栽植為庭園樹、行道樹及高速公路休息區內。果莢可乾燥收藏，因其外形與魟魚相似，又被戲稱為魟魚。

火焰木

火燄樹、苞萼木、金香樹、泉樹

Spathodea campanulata P. Beauv.

英文名　Africa Tulip Tree、Fountain Tree
株　高　7-25 公尺
結果期　夏季
落果期　秋 - 冬季
用　途　景觀樹、行道樹、炭薪木材

最早於 1787 年，歐洲人在非洲黃金海岸發現了火燄木。這種樹是常見的行道樹與庭園景觀樹種。屬名 *Spathodea* 之意即具有類似佛焰苞狀的萼片，在未開花前，萼片可儲存水分，能提供人解渴之用而得名「泉樹」或「Fountain Trees」。花期在春夏季，頂生的總狀花序或圓錐花序，碩大而明顯，紅色或橙紅色的花，開放時十分耀眼，鐘形花冠具有淺波浪狀緣，花謝後隨即結果。

鐘形的花冠盛放時，波浪狀的花瓣具有金色邊緣。

| 果實特色 |

長橢圓狀披針形的蒴果，內含具有薄翅的橢圓形種子，成熟時沿一邊開裂像似船型，釋放出裡面的種子。

蒴果成熟時由綠色轉為赤褐色。

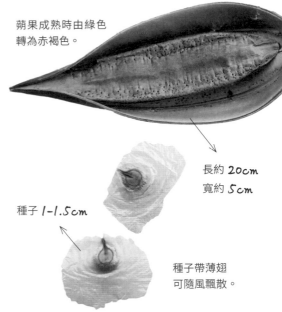

長約 20cm
寬約 5cm

種子 1-1.5cm

種子帶薄翅可隨風飄散。

── USAGE ──

除做為景觀樹種之外，樹幹材質適做為炭薪。能生長於侵蝕嚴重的環境，用於水土保持、控制侵蝕；落葉堆積後還能有利於土壤改良和恢復地力。在國外，火燄木不僅常見於咖啡園中幫助遮陰，還常被種植於邊境或農地的邊界。

猴歡喜

Sloanea sinensis (Hance) Hemsl.

照片提供／陳素真

英文名　Thick-fruited Sloanea、Chinese Sloanea
株　高　15 公尺
結果期　秋 - 冬季
落果期　冬季
用　途　景觀樹、木材

同種異名 *Sloanea formosana* Li.，表示為台灣特有種。分布於台灣全島低中海拔闊葉樹林中，為常綠喬木，幹基常生有極顯著之板根。猴歡喜之名，取其毛茸茸的果實成熟開裂後，像極了開口笑的猴群。另一說是成熟的果實看似可口，猴子見了歡喜，但乾果硬梆梆並不美味，讓猴子空歡喜一場！

果實全身毛茸茸的，像似猴毛。
照片提供／張惠英

果實
2cm

── USAGE ──

木材可供建築、製箱櫃及薪炭用；可種植為行道樹或景觀樹。果實之外部果肉可供食用。

｜ 果實特色 ｜

蒴果木質，呈橢圓形或卵形，外被厚絨毛，熟時外皮深褐色，4-5 瓣縱開裂，每室有種子 1-2 粒。種子小呈黑色，有紅色假種皮。

種子具紅色假種皮。照片提供／張惠英

蒴果開裂呈 4-5 瓣。照片提供／陳素真

水柳
河柳

Salix warburgii Seemen

茎幹有明顯
的縱裂紋。

英文名　Water Willow
株　高　10 公尺
結果期　春季
落果期　夏季
用　途　景觀樹、地界植栽

常見生長於低海拔溪岸或荒廢地，是台灣常見的落葉性中喬木，水柳不像楊柳一樣枝條下垂，葉子比較寬大，可做防風用之外，也常做為邊境栽植用。俗話說「無心插柳柳成蔭」，說明了水柳繁殖及取得容易的特點，傳統農家常以水柳為地界。魏晉時期的謝道韞描述雪景時說：「未若柳絮隨風起」，形容白雪就像柳絮隨風而起，成為千古傳頌的佳話。

| 果實特色 |

紡鎚形蒴果，種子被有柔毛，果實成熟時帶有棉絮，稱為柳絮，每逢柳絮紛飛時，就是種子成熟、隨風飄揚傳播。

果實
5-6mm

1. 每年春季萌新芽時，同時開花、結果，圖為雌葇荑花序。2. 水柳屬雌雄異株，此為雄葇荑花序。

1
2

USAGE

性喜生長於水邊，適合做為水池旁的造園植物。

天料木

台灣天料木、秋水仙天料木

Homalium cochinchinensis (Lour.) Druce

照片提供／陳素真

英文名	Cochinchina Homalium
株　高	10-15 公尺
結果期	夏季
落果期	秋季

天料木分布於中國大陸、海南島、越南和印度。在台灣僅零星分布於中部低海拔山邊溪岸處，數量稀少，國內紅皮書列為接近受脅（NT, Near Threatened）物種。它是落葉喬木，嫩葉褐紅色，老葉會變紅葉。花期時開花量可觀，密集地排列呈穗狀帶有柔毛的總狀花序，花白至淡黃色，雖然花朵極小，但花開時，一樹花白仍十分壯觀，既可賞花也可觀葉，適合推廣做為園藝景觀用樹種。

花徑大約只有 1 公分，但有 6-8 片細長花瓣，像是小太陽。照片提供／林宏達

｜果實特色｜

果實為蒴果，革質，中部為宿存的萼片和花瓣圍繞，頂部瓣裂。種子橢圓形，有稜。

果實
1-2cm

照片提供／陳素真

USAGE

天料木材質厚實、紋理細緻，是優良的建材，或可雕刻運用，亦適合當成庭園樹，修枝後也適合做為綠籬使用。不過它在台灣分布的數量稀少，所以應用上並不廣泛。

山桐子

水冬桐、椅樹

Idesia polycarpa Maxim.

英文名　Manyfruit Idesia、Many-seed Idesia
株　高　10 公尺
結果期　秋季
落果期　冬季
用　途　觀果樹木、花藝素材、薪炭木材

種小名 *polycarpa* 意指果實很多。本科植物多半分布在熱帶地區，但山桐子卻是寒帶植物，僅能生長在台灣中高海拔地區，尤以中部海拔約 1,500~1,800 公尺的向陽處。落葉中喬木，樹皮平滑；葉心臟形，螺旋互生，邊緣有粗鋸齒，葉背粉白色。賞鳥人士也格外關注山桐子，因為在秋冬季結果、落果期間，成熟的紅色果串最能吸引黃腹琉璃、冠羽畫眉、白耳畫眉、赤腹鶇前來覓食，為良好的誘鳥植物。

─── USAGE ───

適合做為景觀及觀果樹種。山桐子串串紅色的果串，也常成為花藝素材。其木材質地輕軟，肌理緻密，木理通直，可運用於打造器具及薪炭材。

| 果實特色 |

球形漿果，成熟後轉為鮮紅色或橙紅色，每顆 0.8-1 公分，內含多顆長橢圓形種子，長約 1-2 公厘。

未熟果。

心形葉片。

破布子

破子、樹子仔、破果子

Cordia dichotoma G. Forst.

英文名　Bird Lime Tree、Cummingcordia
株　高　15 公尺
結果期　春季
落果期　夏季
用　途　醃漬食用

落葉小喬木，老葉表面略粗糙而常有鱗痂，葉色澤暗淡，狀若破布，因而有「破布木」的稱呼。破布子樹結實纍纍之際，尤以中南部地區，承襲著老一輩的傳統製法，取得長滿果實的樹梢後，再以人工緩慢篩選合適的果實，還要經過熬煮並殺青、攪拌調味、塑形再冷卻後，可供製成團狀或浸漬的破布子加工成品，稱為「甘味樹仔」，常用於蒸魚及其他佐料之用，能增添料理的風味。台南、嘉義已規模栽植，其他各地亦有零星栽培。

葉心型，具波浪緣。

| 果實特色 |

橢圓形核果，成熟之初為橙黃色，後變為黑色。內果皮硬而有皺紋，中果皮多汁而透明，含乳白色黏液，內有種子一枚。野鳥喜食果實，屬於動物傳播的植物。

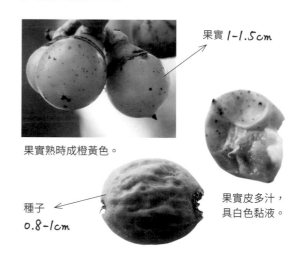

果實 1-1.5cm

果實熟時成橙黃色。

果實皮多汁，具白色黏液。

種子 0.8-1cm

—— USAGE ——

全世界最早運用破布子入菜的便是台灣人。醃製後的破布子可以用來炒、油炸、煲湯或調製醬汁。果實含有植物乳酸菌，兼具食用、藥用價值，具開脾、健胃的功效。

醃製後的破布子可為料理增添風味。

楝樹

苦苓、苦楝、楝、金鈴子

Melia azedarach L.

英文名　China Tree、China Berry
株　高　30 公尺
結果期　秋季
落果期　冬季
用　途　景觀樹、行道樹、防蟲、製漆、做皂

楝樹為落葉喬木，樹形外觀如傘，它在春季時最為美麗，吐著新綠和滿開的紫色小花，香氣怡人。阿美族以楝花開放，做為春天到來的指標，更以其葉片做為美白皮膚保養的偏方。因木材味苦，得名為苦楝。《本草綱目》記載「楝葉可以練物，故謂之楝」；練物實為染布前進行布匹精練，使之潔白的過程。又因其種子如小鈴，成熟時色黃，而有「金鈴子」的別稱。

春季花開，整棵樹形成浪漫的紫色花海。

1. 熟果表面開始皺縮。2. 果實落地之後，經常自動去皮呈純白色。

種子約 1cm

| 果實特色 |

橢圓形核果，未熟果呈綠色，成熟時轉為黃褐色，經常吸引鳥類前來覓食，藉由動物傳播。果實掉落掉到地上，會自然去皮成純白色種子，適合收藏、創作使用。

果實 1-1.5cm

─ USAGE ─

楝樹對土質適應性強，可栽種於邊坡、堤岸、荒地等環境，極具水土保持效果。此外，木材輕軟，紋理粗而美，可用於製作家具、模型、農具與樂器等。從樹皮及樹葉中，提煉出的活性成分苦楝素或稱川楝素，可製作成有機的安全防蟲用藥；種子能榨成苦楝油來防治蟲害，也能做潤滑油、製油漆、肥皂等多功能。

大葉桃花心木

Swietenia macropnylla King

英文名　Honduras Mahogany
株　高　40-50 公尺
結果期　春季
落果期　夏季
用　途　景觀樹、家具用材、果實手作

原產於中南美洲、西印度群島，1901 年由日本植物學家田代安定引進，試種於林試所恆春分所，其後亦多次由其他地區引進。大葉桃花心木為半落葉大喬木，因木材呈桃花色澤而得名。樹幹高且挺直的姿態，是造林及行道樹、校園常用的觀賞樹種。與其他多種熱帶植物具有「瞬間落葉」或「快速換葉」的現象，於初春落葉後會迅速萌芽長出新葉的特性，換葉期間能賞到不同的樹林景象。另有桃花心木（*Swietenia mahagoni* (L.) Jacq.），外形極為相似，但桃花心木的葉片、種子較小。

果殼成熟後木質化，從底部縱向裂開，好讓帶著翅膀的種子飛散出來。

｜果實特色｜

長卵形蒴果、成熟後木質化，於基部開裂成 5 瓣，果實內有 50-60 粒種子；種子具有紅褐色木質化長翅，如直昇機螺旋槳般地旋轉飄落下來，是標準藉助風力傳播的植物。種子常被當成國小課程教具教學使用，同時也是好玩又環保的童玩。

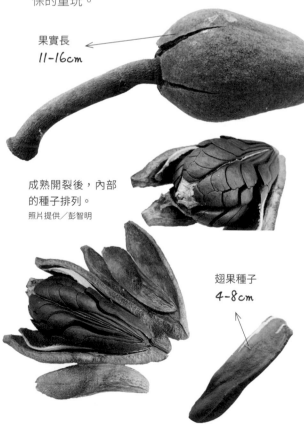

果實長
11-16cm

成熟開裂後，內部的種子排列。
照片提供／彭智明

翅果種子
4-8cm

蒴果和落葉同時掉落一地，充滿冬末早春的蕭瑟感。

去除種子之後，可看見中心果軸。

內果皮有許多深褐色斑點。

蒴果內外果皮經晒裂後會分開，成為很好的創作材料。

外果皮厚度達 1cm

USAGE

台灣引進種植係因生長迅速、木質優良，適合做為家具、器具、樂器、建材及雕刻的材料；同時也是世界聞名的家具用材。果實也經常被撿拾、運用於創作。

 1

 2

 3

1.果軸製作成吊飾。2.將內果皮搭配各種自然物，設計成高跟鞋。3.選擇彎曲幅度適合的內果皮，組裝成一朵花。

香椿

香鈴子、大紅椿樹

Toona sinensis (A.Juss.) M.Roem.

英文名	Chinese Mahogany、Chinese Toona、Beef and onion plant
株　高	20 公尺
結果期	春季
落果期	春季
用　途	景觀樹、木材、食用、果實手作

台灣引進香椿栽種已有百年的歷史，全株散發特殊氣味，嫩葉帶有紫紅色或紅褐色，經乾燥製成粉末可提供素食者之調味品，或是直接將嫩葉燙過，加入沙拉食用，亦可製成香椿醬、香椿炒蛋等料理，因此有此說香椿是「長在樹上的蔬菜」。在《莊子》逍遙遊篇中提到「上古有大椿者，以八千歲為春」，椿在中國文學中隱喻「長壽」之意，中國人常以「椿壽」、「椿齡」祝福長輩高壽；成語中的「椿萱並茂」指的正是雙親同享高壽之意。

香椿的葉子經常被使用做為素食食材。

| 果實特色 |

蒴果長橢圓形或倒卵形，熟時五角狀之中軸分離為 5 裂片，開裂後翅果會隨風飄散，屬於風力傳播植物。七年樹齡以上的雌性香椿樹才能開花結果，其果實名為「香鈴子」。

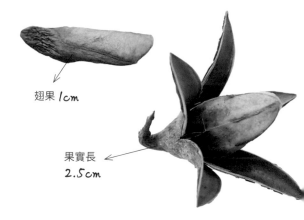

翅果 *1cm*

果實長 *2.5cm*

USAGE

樹形特殊適合做為學校或是公園及庭院的觀賞樹種。木材略帶紅色、紋理美麗且質地堅硬，可做為室內裝潢、家具的材料。花形的果實亦受到種子愛好者的青睞。

果實開裂如乾燥花，適合製作成飾品。

沉香樹

印度沉香、蜜香、土沉香、白木香

Aquilaria malaccensis Lam.

英文名　Agarwood、Eaglewood、Gaharu
株　高　6-20 公尺
結果期　春季
落果期　夏季
用　途　景觀樹、工藝木材、香料

原產自東南亞一帶，印度是最早出口沈香的國家之一。沉香樹為中大型常綠喬木，沉香為沉香樹的老莖受傷後，因真菌感染分泌的樹脂，自古為著名的香料之一，俗諺「一兩沉香一兩金」之說，沈香被用作燃燒薰香、加入酒中；或雕刻成裝飾品。

近年引入台灣做景觀樹、盆栽、行道樹，其木材除供香料之用，亦供做雕像及製作收藏木盒。沉香經常被運用在宗教儀式中增加肅穆感，尤其以佛教、印度教及回教等。近年更取其嫩葉，經萎凋、揉捻、發酵、乾燥等工序，製成保健茶品。

| 果實特色 |

梨形狀的果實，具稀疏絨毛；成熟後果皮可分成兩邊，內各含一顆深褐色種子。果核上端呈傘形，下端拉長，外皮堅硬，裡邊柔軟。

果實
4cm

種子
1.5cm

1. 未熟果。2. 成熟開裂果實展開後，像是老太太的老花眼鏡掛了一雙耳環。

台東漆

仙桃樹、野漆樹、大葉肉托果、番漆

Semecarpus gigantifolia S. Vidal

英文名　Largeleaf Markingnut、Giant-leaved Markingnut
株　高　20公尺
結果期　冬 - 春季
落果期　春
用　途　景觀樹、工藝木材

台灣野生植株僅見於綠島、蘭嶼、恆春半島，以及東部海岸之近海叢林中，因盛產於台東一帶，而被稱為「台東漆」。是一種常綠大喬木，樹液為一種漆料，與其它漆樹科植物相同，樹液及器官均具有漆酚（Urushiol），屬於有毒樹脂，誤觸會引起皮膚紅腫、奇癢、灼熱等症狀，有時會持續一週以上，過敏體質者尤應避開；誤食則會造成嘔吐、腹瀉等。

葉脈明顯具特色，橢圓形的大葉片叢生於枝端；花白色與綠葉形成強烈對比；春天結果，果實未熟時為深綠色，成熟時轉紅，與過熟時的黑果共存，具有觀賞價值。又因樹姿雄偉，枝葉繁茂而終年常綠，成為各地公園及庭園常見的綠化用樹。

USAGE

木材淡白色，質密而軟，可做各種器具。

未熟果呈綠色。

| 果實特色 |

果實為扁橢圓形核果，形似腰果，生長在紅色果托的下方，果托是由花托變成，直徑約 2 公分。未成熟果為深綠色，熟時暗紅色或黑紫色；種子橢圓形。

成熟果實似腰果，卻是有毒植物，不能輕易品嚐。

果實
3-5.5cm

果托

太平洋梣

沙梨橄欖、太平洋橄欖、南洋橄欖、
爪哇楹梣

Spondias cythera Tussac

英文名　Ambarella、Golden Apple、Otaheite Apple、
　　　　Tahiti Mombin
株　高　15 公尺
結果期　秋季
落果期　冬季
用　途　醃漬、果醬、食用

分布於太平洋諸島，在爪哇當地會常採嫩芽做
為蔬菜，據說與肉類同煮，能使肉質軟化增加
食用的口感。太平洋梣為典型的熱帶雨林植
物，具有「瞬間落葉」的現象，在短時間內把
老葉落光，同時萌發新葉。由於未熟果實可醃
製食用，偶見種植於民眾的庭園內。

樹幹直立，小枝粗壯，具皮孔。葉互生，具長
柄，奇數羽狀複葉，小葉對生葉片長橢圓形，
基部鈍形或稍楔形，略偏斜，先端短尾尖或漸
尖形，葉脈近邊緣連結成集合脈，葉緣完整無
鋸齒或缺刻。

| 果實特色 |

橢圓形核果，稍不正，外果皮綠，成熟
後轉成黃色，表面粗糙，具刀疤狀紋路；
中果皮肉質；內果皮為堅硬之核，呈倒
圓錐形，具刺狀纖維，呈放射狀開展，
頂端具 5 個空腔，內各藏種子一粒。

果實 3.5-5cm

1.圓錐花序頂生，花小而數量多，為乳黃色至淡黃色。2.花授粉後，漸漸發育出果實。

USAGE

果可食用，未熟果
可生食或醃漬。亦
可做為調味醬汁及
果醬的原料。

木本　｜　漆樹科

核果　｜　無毒

193

辣木

鼓槌樹、山葵木（山葵樹）、馬蘿蔔樹

Moringa oleifera Lam.

英文名　MoringaTree、Drumstick Tree、
　　　　Horseradish Tree
株　高　15 公尺
結果期　秋季
落果期　秋 - 冬季
用　途　景觀樹、榨油、食用

分布於印度北部的次喜瑪拉雅山麓、紅海沿岸（包括沙烏地阿拉伯）、非洲東北部和西南以及馬達加斯加。辣木為落葉喬木。台灣曾經盛其一時的引進種植，南部陽光充足，風土條件適合種植，北部冬季較寒冷且雨量多，生長結果的狀況較南部差。在印度和非洲的人民會將辣木做為蔬菜食用、入湯或與沙拉涼拌。聯合國組織還曾針對非洲居民因飢荒所衍生的營養問題，而將辣木運用在改善孩童營養不良、緩和發炎腫大、腸胃不適等問題。

蒴果長 20-50cm。

| 果實特色 |

蒴果呈長條狀豆莢向下懸垂，莢果表面有 3-5 條縱稜，橫切面呈三角形，先端尖嘴狀。種子三稜形，每稜有膜質翅。

葉為三回羽狀複葉，葉端微凹。

種子 1-1.2cm

種子三稜形，皆具膜質翅。

─── USAGE ───

適合做為造園樹種。嫩葉的生長速度很快，可在採收後乾燥加工成粉末做為食品添加物。成熟辣木種子嘗起來有回甘的滋味，含油率約有 30-40%，可榨成油脂之外，更被喻為含有高鈣、高蛋白質、高纖維及低脂的保健食品。

蓮葉桐

蠟樹、濱桐

Hernandia nymphaeifolia (C.Presl) Kubitzki

英文名 Sea Cups、Sea Hearse
株　高　15 公尺
結果期　冬季
落果期　冬 - 春季
用　途　景觀樹

蓮葉桐為台灣原生種植物，生長於屏東恆春半島、台東、蘭嶼、綠島和澎湖的近海岸地區，也是墾丁香蕉灣的海岸林代表性植物。屬於常綠喬木，樹皮平滑，呈灰褐色，因其特殊圓盾形的葉片，狀若蓮葉，故名「蓮葉桐」；又因種子富含油脂而有「蠟樹」之稱。

1. 掉落一地的果實。2. 蓮葉桐長得像蓮花的葉子。

1

2

| 果實特色 |

黑色的扁球形核果，上有稜脊多條，外包被杯狀肉質的果托，可協助果實於海上漂浮，屬海漂植物。種子之種皮被內部增生的珠心破碎分解，致使內部胚呈不規則皺縮，形成迷宮種子 (Labyrinth Seed) 或稱芻蝕種子 (Ruminate Seed)。

杯狀肉質果托，似燈籠罩。

黑色外殼是由子房外的花筒發育而成。

果實
4cm

──── USAGE ────

可做庭園景觀樹及海岸防風林等。種子具有毒性，但含有油質可提煉用來做為肥皂、橡膠代用品原料。

大丁黃

疏花衛矛、大疔黃、大汀黃、山杜仲

Euonymus laxiflorus Champ. ex Benth.

照片提供／陳素真

英文名　Taiwan Euonymus
株　高　3-4 公尺
結果期　春 - 夏季
落果期　夏 - 冬季
用　途　景觀樹、工藝木材、藥用

零星分布於台灣全島中、低海拔 1,200 公尺以下的闊葉樹林中。屬名 *Euonymus* 意指該植物具有美麗的葉子和果實。大丁黃屬於常綠灌木或小喬木，綠色枝條纖細；根皮表面橘黃色，樹皮內部淡黃色；葉、根、莖、枝及皮，將之拆開有絲狀物彼此連接著，有藕斷絲連的感覺。橢圓形的葉片薄革質至革質，先端尖尾狀；花序為聚繖花序，花期在 3-6 月。

| 果實特色 |

果實為倒圓錐形蒴果，通常為 5 室，有時可見 2 室或 4 室；每室內僅有 1 枚倒卵形種子，外被血紅色肉質假種皮，種托為血紅色杯狀、具皺褶紋。肉質假種皮可吸引野生動物前來覓食，以幫助散播種子。

照片提供／陳素真

種子 0.5-0.6cm
種子外被血紅色假種皮。

果實 0.8cm

照片提供／陳素真

USAGE

可推廣為庭園景觀栽培用樹種。黃白色的木材，質細緻堅硬，適合雕刻或製作小器具。賽德克族常來製作弓箭，同時也是民間常用藥用植物之一，因此另有「山杜仲」及「土杜仲」之稱，具舒筋活血、消腫止痛的效果。

台灣赤楊
台灣檉木、水柯仔

Alnus formosana (Burkill) Makino

英文名　Formosan Alder
株　高　20 公尺
結果期　秋季
落果期　秋 - 冬季
用　途　防風樹、肥料木、段木、果實手作

分布於台灣全島平地、低至高海拔山區，最高可至 3,000 公尺，為陽性樹種，經常可見小片純林。台灣赤楊的根系能與根瘤菌共生，具有固氮及改良土壤之效，如綠肥植物一般，可做為肥料木之用。在泰雅族聚落及其居住地，常可發現赤楊，泰雅族祖先要後代能記取赤楊不畏土地貧瘠、不怕烈日曝晒的特性；同時也是賽夏族在矮靈祭的送靈儀式中所使用的木材。此外，早期來台開墾的漢人常以「柯仔林」為地名，因赤楊能夠生長於崩塌地的特性，多少有警示崩塌可能於此處發生的意味。

| 果實特色 |

卵形或橢圓形毬果狀的木質果實，實由雌花序發育而成「聚合果」。但因狀似針葉樹的毬果，又稱為假毬果，常見 1-3 顆的假毬果著生於結果枝上。種子帶有狹翅，藉由風力傳播。

扁縮狀的小堅果。

種子約 3mm

果實 2cm

果實是由雌花序發育而來的聚合果。

USAGE

可作防風樹，同時是造林和水土保持的重要樹種；木材材質輕軟，可供作箱板材、支柱材、紙漿、火柴棒之原料，或做為栽培香菇或白木耳的段木。

果實適合做為創作的素材。

水麻

柳莓

Debregeasia orientalis C. J. Chen

英文名	Edible Debregeasia
株　高	6 公尺
結果期	春季
落果期	春 - 夏季
用　途	提取纖維

落葉灌木或小喬木，普遍分布生長於全島低至高海拔的路邊、溪流邊、林緣灌木層等潮溼環境。葉子互生，狹披針形，摸起來十分粗糙，背面密被灰白色或灰綠色短毛；基脈 3 條。葉片是細蝶、黃三線蝶及姬黃三線蝶幼蟲的重要食草。根據布農族民族植物專家鄭漢文，提及霧鹿部落因長滿水麻（布農族語 bulbulaz），吸引水鹿前來，而有了霧鹿 bulbul 的地名。

｜ 果實特色 ｜

果實為多數瘦果聚成的球形聚合果，成熟時呈橘黃色，令人垂涎欲滴的肉質狀果實吸引眾多野生鳥類前來覓食，大快朵頤。

果實果肉香甜多汁，可供食用或當成零食。

果實 5mm
種子 1mm

1. 葉背密被灰白色短毛。
2. 葉狹披針形，質地粗糙。
照片提供／洪靚慈

USAGE

莖皮纖維含量約 35%，可為苧麻之代用品，樹皮纖維可製繩索。成熟的果實相當可口，又稱為柳莓。

海島棉
光籽棉、離核木棉

Gossypium barbadense L.

英文名　Sea Island Cotton、Barbados Cotton
株　高　2-3 公尺
結果期　春 - 夏季
落果期　秋 - 冬季
用　途　紡織原料、榨油

原產於南美厄瓜多及祕魯等地，現廣泛栽植於亞熱帶地區，為多年生的常綠亞灌木或灌木，性喜溫暖環境，也是埃及和加勒比海產區種植的棉花品種之一。台灣於 1910 年引進，所產的棉絮具有較長的纖維，一般棉花平均纖維長度 35mm，海島棉平均纖維長度約 39mm，最長可達 64mm，因而有「棉中羊絨」之稱。纖維細緻具光澤，強度及彈性佳，經多次洗滌仍能保持良好的質地。

海島棉花期在夏、秋季，花色鮮黃。

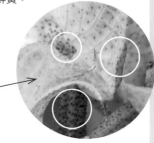

花萼很有造型，如仔細觀察果實與花的表面，會發現有細小黑色腺點的分布。

| 果實特色 |

長橢圓形蒴果，長度 5-6 公分，大部分是 3-4 室並呈 3 4 瓣裂。種子為黑色卵形，具白色棉毛。

黑色種子寬
3-4mm

果實常見 3 瓣裂；偶見 4 裂。

―――――― USAGE ――――――

棉花可供作紡織的原料，棉纖維為所有棉類作物中最長者。種子供榨油用，可製成潤滑油及藥用。

木本 ─ 錦葵科

蒴果 ─ 無毒

山芙蓉

狗頭芙蓉、千面美人、三醉芙蓉

Hibiscus taiwanensis S.Y.Hu

英文名　Taiwan Hibiscus、Taiwan Cotton-rose
株　高　3-5 公尺
結果期　春季
落果期　春 - 夏季
用　途　庭園樹、草藥、果實手作

落葉性大灌木或小喬木，為台灣特有種，分布於全島平野至海拔 1,200 公尺以下的山區，蘭嶼島上也可見芳蹤。「芙蓉」一名常見於中國詩文之中，有時指荷花，稱「水芙蓉」、「草芙蓉」；有時指長在陸地上的木本植物，稱「木芙蓉」。山芙蓉是木芙蓉在台灣的親戚，同為錦葵科、木槿屬的植物；棉花則為遠房親戚，因此木芙蓉的英文名字是 Cotton-rose，山芙蓉的英文名字是 Taiwan Cotton-rose。山芙蓉與木芙蓉近似，但在小枝、葉、葉柄及花梗上被長剛毛狀糙毛，而後者則密被星狀絨毛。

USAGE

樹皮富含纖維、韌性佳，鄒族人在野外會摘取山芙蓉莖皮，製成揹重物的皮繩，晒乾後亦能用於編織，製成籃子、飾品等工藝製品。山芙蓉的根及莖幹切片製成草藥稱為「狗頭芙蓉」。

| 果實特色 |

蒴果球形五瓣裂，外被褐色毛茸，種子數量多，為淡褐色腎形，正面光滑，上有一黑色芽點，背面密布淡棕色毛茸。

1. 蒴果尚未開裂。2. 熟果五瓣裂，可採摘晒乾後做為乾燥花材。

果實 2-3.5cm　　　種子密被淡棕色毛

黃槿

黃木槿、糕仔樹、粿葉樹

Hibiscus tiliaceus L.

英文名 Linden Hibiscus、Coast Hibiscus
株　高　15公尺
結果期　春季
落果期　夏 - 秋季
用　途　景觀樹、提取纖維、家具木材、薪材

常綠小喬木。在物質缺乏的年代，黃槿的心形大葉子，過去常做為「炊粿」的墊底使用，是既環保又有特殊香味的材料，因此得名「粿葉樹」。除做為庭園景觀植物、行道樹之外，因莖幹具有老態，也是極佳的盆景樹種。樹皮和根可以煮成涼茶消暑，嫩葉亦可當做野蔬食用。原生長海濱地區，是海岸防砂、定砂及防風的優良樹種。樹皮內含大量纖維，可製作繩索或織網等用途。枝幹木材質輕且富彈性，為優質的家具木材之一，也用於製船、木雕和做為薪柴。

花瓣黃色，5 片相疊成鐘狀，排列有如羽毛球。

| 果實特色 |

長橢圓形蒴果，苞背五瓣裂，先端有尾尖，密布黃色星狀絨毛；種子腎形，無毛，有散生乳頭狀小疣。

照片提供／黃香萍

果實 2-3cm

種子 2-3mm

USAGE

取用葉片當炊粿的墊底材料。

照片提供／莊燿鴻

銀葉樹

大白葉仔

Heritiera littoralis Aiton

英文名　Looking Glass Tree
株　高　15 公尺
結果期　春季
落果期　夏 - 秋季
用　途　木材、景觀樹、果實手作

分布在北部及南部海岸、宜蘭、屏東、蘭嶼海岸等地區，種小名 *littoralis* 即指生長在海岸的意思，耐風抗旱，適合當海岸景觀樹。常綠中喬木，樹根基部常有明顯板根。銀葉樹其葉片大呈長橢圓形，葉長15-20 公分，革質油亮，正面綠色、下表面密被銀色鱗片狀或星狀毛茸，故稱「銀葉樹」。如有機會，可至墾丁森林遊樂區，一睹樹齡已超過 400 歲的板根老樹風采。

1. 銀葉樹乃因葉面為銀色而得名。2. 樹根基部常有明顯板根。

| 果實特色 |

果實呈堅果狀，扁橢圓形，腹縫線上有龍骨狀的突起，果實內因纖維質含大量空氣，木質化而質輕，可藉海水漂送傳播各處，屬於海漂植物。

扁橢圓形果實及腹縫線上龍骨狀突起，長的像客家菜包或鹹蛋超人外觀。

果實 *4-5cm*

USAGE

為優良的海岸防風樹種。木材可供建築、造船及製造家具使用；種子及樹皮則可做為藥用。堅果形狀特別也適合手作，受種子迷的喜愛。

單顆就能製成特色吊飾。

克蘭樹

鷓鴣麻、面頭粿

Kleinhovia hospita L.

英文名　Kleinhovia
株　高　15 公尺
結果期　秋季
落果期　秋 - 冬季
用　途　木材、食用、防風樹種

分布於北部及嘉義以南之低海拔，尤以南部恆春半島次生林出現最多。克蘭樹為陽性速生樹種，生性強健，常綠小或中喬木，樹皮平滑、樹幹通直而多分枝，適合做為防風綠化樹種。在東南亞一帶如馬來西亞、印尼和巴布亞紐幾內亞的部分地區，因其葉子和樹皮含有生氰化合物，具有殺死蝨子等體外寄生蟲的效果，因此當地會取用克蘭樹的樹皮和葉子做為去除蝨子的洗髮水。

| 果實特色 |

蒴果倒圓錐形，膜質，胞背五瓣裂；每室有 1、2 顆近似腎形的種子，且表面有小棘刺。果實成熟乾燥後，很像掛在樹上的小星星，模樣討喜。

種子
3mm

果實內有 5 室，每室種子 1-2 顆。

果實徑
2-2.5cm

USAGE

克蘭樹的嫩葉、嫩芽及花苞可先汆燙之後再用熱油炒來食用。樹皮富含纖維，可製成麻繩用於捆綁、拴住牲畜。木材質地輕軟，可供製造漁網浮苓或是農用器具等。恆春地區之原住民常取用克蘭樹之木材製造刀鞘。

1. 頂生圓錐花序，開花時樹頂一片桃紅。2. 未成熟果時為綠色。

櫬葉翅子樹

櫬葉翅子木、翅子木、白桐

Pterospermum acerifolium Willd.

照片提供／施郁庭

英文名　Maple Leaved Pterospermum、Plate Tree
株　高　18 公尺
結果期　秋 - 冬季
落果期　冬 - 春季
用　途　景觀樹、建築木材

分布於喜馬拉雅山西部、印度、孟加拉及爪哇。在東南亞國家使用其葉子盛裝食物做為餐盤使用。台灣於 1901 年左右引入，零星種植於庭園及行道樹。櫬葉翅子樹為常綠大喬木，樹幹呈灰黑色，表面粗糙，全株布滿星狀毛，葉柄較長，葉片厚革質，邊緣有粗鋸齒。屬名 *Pterospermum* 由希臘文 pteron（翅）和 sperma（種子）結合而成，指的就是種子末端有翅。花朵形狀類似縮小版的香蕉，開放時宛如剝開的香蕉，也散發香蕉的味道。

1. 葉為盾狀形，葉背灰白或淡褐色。2. 掉落的開裂蒴果。
照片提供／施郁庭

｜ 果實特色 ｜

果實為木質化的蒴果，呈圓柱狀，5瓣裂，表面被棕色絨毛，內有許多種子。種子先端有膜翅，當果實成熟開裂時，種子有如螺旋槳般掉落，因而得名翅子木。

尚未成熟開裂的蒴果。
照片提供／施郁庭

果實 13-15cm

USAGE

適合做為庭園景觀樹種。木材結構細緻，可製作成器具、木屐，亦供建築使用。

蘋婆
鳳眼果

Sterculia monosperma Vent.

英文名　Noble Bottle-tree、Ping-pong
株　高　15 公尺
結果期　春 - 夏季
落果期　夏季
用　途　景觀樹

同種異名 *Sterculia nobilis*。台灣常見栽培的蘋
婆屬的植物有 3 種，分別是原生種「蘭嶼蘋婆」
及引入台灣栽植的「掌葉蘋婆」及「蘋婆」兩
種，其中以蘋婆的種子最大。蘋婆樹冠濃密，
葉大且亮麗、樹形美觀，是優良景觀樹及行道
樹。它屬於常綠中喬木，樹冠呈圓形或短卵形，
幼嫩枝葉略帶星狀毛，呈紫紅色。單一的蓇葖
果在成熟時由腹縫線開裂，形狀有如微張的鳳
眼，又名「鳳眼果」。種子經過烘炒後，種仁
色如蛋黃，有栗子的風味，是著名的乾果。

| 果實特色 |

橢圓狀卵形的蓇葖果，先端稍尖，外為鮮
紅色厚革質，密被絨毛，熟時裂開；內藏 2-4
粒橢圓形、黑褐色的種子。

果實 7cm

未熟果呈綠色。

1. 3 月下旬至 5 月開花，精巧的花形有如打蛋器。2. 果實鮮紅、厚革質。
3. 成熟時果實連同種子一起掉落。

2-3cm

掌葉蘋婆

香蘋婆

Sterculia foetida L.

英文名	Hazel Sterculia、Hazel Bottle Tree
株　高	25 公尺
結果期	春季
落果期	春 - 夏季
用　途	景觀樹、食用、榨油、果實手作

掌葉蘋婆生性強健，樹型優美，大約在
1900 年間由印度引進台灣做為景觀植物，
常見於各地公園或行樹種植。屬於落葉大喬
木，掌狀複葉簇生於枝端。春季花開時，枝
椏上暗紅色小花和嫩葉同時萌發。花朵具有
特殊氣味，有「香蘋婆」之名，儘管也有些
人覺得像是狗或豬屎的味道。冬天時，枯枝
掛滿了紅豔且造型奇特的果實，這景象經常
吸引民眾注意。

掌狀複葉簇生於枝端。

| 果實特色 |

淺紅色的蒴葵果呈扁平球形，宛如木魚。成熟時
裂開一側，外型像是愛心，露出深邃的紫黑色種
子，猶如張開的大嘴巴，模樣令人莞薾。

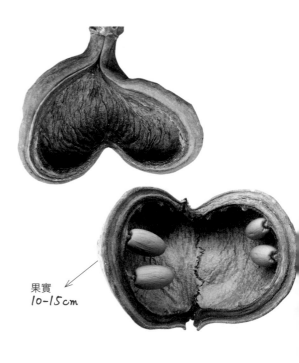

果實
10-15cm

外種皮銀灰色、具薄膜狀。

種子長
2cm

花與紅色嫩葉同時開展，不容易被發現，
但卻會被空氣中飄散的濃郁氣味所吸引。
照片提供／高永興

成熟中的果實微張。

完全成熟轉為深褐色、質地堅硬。 照片提供／楊美春

USAGE

東南亞利用其扁球形蓇葖果
之果殼做為菸灰缸使用。外
種皮具薄膜狀銀灰色，可生
食或榨油，做為生質燃油的
原料；木材輕可當火柴。果
實種子愛好者也會撿拾收藏
或手作應用。

可可樹

可可、可可亞、巧克力堅果樹、芝車力

Theobroma cacao L.

英文名	Cocoa、Cocoa-tree、Chocolate-tree
株 高	10 公尺
結果期	全年
落果期	全年
用 途	飲用

大約在 3,000 年前，南美馬雅人開始種植可可樹，稱為 Cacau，並將可可豆烘乾碾碎，加水和辣椒，製成帶有苦味的飲料，含可可鹼和微量咖啡因具興奮作用。後來流傳到南美洲和墨西哥，阿茲特克人稱之為 xocoatl，為「苦水」之意；他們為皇室特製的熱飲則稱為叫 Chocolatl，意思是「熱飲」，也是「Chocolate- 巧克力」的詞源。可可豆更一度被馬雅人和阿茲特克人當成貨幣使用。

可可豆經加工處理種子焙炒後碾成粉，就是可可粉，或稱為可可亞，可做巧克力及飲料等重要原料。目前在屏東也大量栽種可可樹，可可豆在台灣是農作的明日之星，由種植到加工均能一條龍完成；還能利用可可豆果莢的農廢材，製成茶飲完全利用。

| 果實特色 |

果實為長紡錘形，呈橄欖球型，成熟時轉為紫紅色或黃色，有溝紋 10 條左右；每一果實內約含 20-30 顆橢圓形、白色或紫紅色的種子。

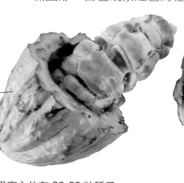

果實
15-25cm

果實內約有 20-30 粒種子。

種子外層是白色微甜帶酸的果肉。

種子長約
2-2.5cm

1. 未熟果。2. 可可的各種製品—可可豆、可可飲、巧克力。

台灣梭羅樹

白樹、梭羅樹、朝鮮桐、銃床楠

Reevesia formosana Sprague

照片提供／施郁庭

英文名　Taiwan Reevesia
株　高　15-20 公尺
結果期　冬 - 春季
落果期　春季
用　途　蜜源植物、工藝木材

多年生落葉喬木，枝條及葉片被有星狀毛，有臭味。它雖然是台灣特有樹種，但並不常見，主要分布在中南部海拔 100-700 公尺低海拔山區。清明節前後為其花季，放射狀的花朵會轉為黃色，並散發出特殊清香。台灣梭羅樹因落葉後很快就會萌發新葉，具有快速換葉或瞬間落葉的特性，所以常被誤以為是常綠樹。

花開時有如繡球，相當具觀賞價值。照片提供／施郁庭

開裂的熟果，乾燥後可收藏。
照片提供／施郁庭

| 果實特色 |

褐色木質的蒴果呈倒卵形，5裂，胞間自然開裂，外表呈棕色，柄長約 2 公分。成熟後，木質蒴果會開裂，種子帶有翅，能夠依靠風力傳播。

種子
1.5-2cm

成熟時 5 裂。

USAGE

適合做為台灣原生景觀樹種推廣種植於庭園。盛花時經常吸引昆蟲前來採蜜，是優良的蜜源植物。木材色白質輕，容易加工且不反翹，適合製作各種器具及手工藝品，昔時恆春地區的原住民常利用其木材製作刀鞘及槍桿。

台灣枇杷
山枇杷、夏粥

Eriobotrya deflexa (Hemsl.) Nakai

英文名	Taiwan Loquat
株　高	20 公尺
結果期	夏末
落果期	秋 - 冬季
用　途	景觀樹、用具木材

常綠喬木，為台灣特有種的原生樹種，分布於平地、低中海拔山區之潤葉樹林中，因葉形似樂器「琵琶」而得名。屬名 *Eriobotrya* 形容本屬植物圓錐狀的果序就像是葡萄，且果實密被棉毛狀絨毛的特徵；種小名意為果實成熟時，果柄會突然往下彎曲。台灣枇杷與原住民生活領域重疊，因此在原民的日常生活中常會運用它的木材製作生活用具，如湯匙、桌椅、鐮刀柄、椿小米的杵、織布機及童玩陀螺等等。

葉多叢生於小枝先端，是市售咳嗽糖漿的原料之一。

| 果實特色 |

果實為梨果，近球形，密被絨毛，先端有殘存萼片，可生食。

果實屬迷你版的枇杷。果肉少，但具特殊風味。

果實 2cm

種子 1.5cm

── USAGE ──

樹形優美的特質使它成為理想的庭園景觀樹種。此外也是重要的食餌植物，運用於野生動物棲地的建構，為牠們提供覓食所需。

玉山假沙梨

柳葉紅果樹、夏皮楠、台灣假沙梨

Photinia niitakayamensis Hayata

英文名 Taiwan Stranvaesia
株　高 9 公尺
結果期 夏季
落果期 秋季
用　途 景觀樹

常綠中小喬木，秋冬之際老葉會變紅。為台灣特有種，分布於海拔 2,000-3,000 公尺山區，性喜陽光，常見生長於森林邊緣或路旁兩側或空闊草地，為火燒適存樹種之一。種小名 *niitakayamensis* 由日文「新高山 (niitakayama)」而來，即玉山的意思。又名「柳葉紅果樹」源自其秋季果實成熟時，滿樹的鮮紅果實得名「紅果」。其團狀密集的果實經久不落，是野鳥喜愛的食物，也是秋季應景的插花素材。

4-5 月開花，小花白色，呈複繖房花序排列。

| 果實特色 |

果實為球形梨果狀，內含種子數枚，成熟後轉為紅色。

成熟果實呈鮮紅色，讓整棵樹充滿喜氣。

果實 0.8-1cm

── USAGE ──

中至高海拔山區主要的賞紅葉、紅果植物，頗具觀賞價值。中橫鳶峰一帶廣植為景觀植物。

瓊崖海棠
紅厚殼、胡桐、海棠木

Calophyllum inophyllum L.

英文名　Indiapoon Beatyleaf、Oil-nut、 Mastwood
株　高　14-20 公尺
結果期　秋 - 春季
落果期　冬 - 春季
用　途　景觀樹、家具木材、提取油脂、種子手作

常綠大喬木，分布於印度、馬來西亞、澳大利亞、海南島、琉球及太平洋島嶼等地，原生於海岸地區。台灣則分布於恆春半島、蘭嶼及綠島一帶。屬於耐鹽抗強風的植物，適合做為濱海工業區綠美化植物。樹形優雅、葉形美觀、春季開花帶有淡香，常見栽植於校園、公園及行道樹；花蓮市明禮路種植近百年的瓊崖海棠行道樹老樹，甚為壯觀。

白花成總狀花序排列，有 4 片花瓣。

| 果實特色 |

果實為球形核果，梗長垂掛在枝條上。有肉質的綠色外果皮，成熟時果色由綠轉褐色，內有種子 1 枚；種子球形，種皮堅硬。種子質輕可藉由水力傳播，屬於海漂植物。

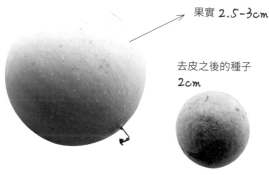

果實 2.5-3cm

去皮之後的種子
2cm

USAGE

木材質地堅實，可做為船或搭建橋樑和家具用材。樹皮含單寧，可提製栲膠。種子含油量高，可做為各種工業用途。台北林業試驗所研究報告指出，其種仁油脂具抗紫外線的防晒油，也可應用於化妝品及護膚、護唇膏的原料。種子發芽率高，適合種植成種子盆栽。

果實可泡水去皮處理，若果皮較綠，可悶幾天後，等果皮軟爛再去皮泡水洗淨、晒乾再運用。

水冬瓜

水冬哥、水管心、水枇杷、大冇樹

Saurauia tristyla var. oldhamii

英文名　Oldham's Saurauia
株　高　3-6 公尺
結果期　春 - 夏季
落果期　夏 - 秋季
用　途　食用野果

同種異名 *Saurauia oldhamii*。分布於中國華南、琉球群島，台灣常見於平地至海拔 1,700 公尺山區，性喜闊葉林下或溪谷兩旁潮溼地區。水冬瓜和奇異果一樣都屬於獼猴桃科植物，共同的特徵就是全株都被毛狀附屬物，也為漿果，前者為常綠小喬木或灌木、果實小；而後者則為蔓性植物、果實較大。有趣的是，水冬瓜果實成熟時乳白色的果實，咬起來有黏性，有原住民稱其為「好吃的鼻涕」。

1. 葉互生，葉緣具尖細鋸齒，長可達 20 公分。2. 花梗細長，花小似小鈴鐺。

| 果實特色 |

果實為球形漿果，富含黏液，多汁味甜。具有宿存萼片。

果實 *1cm*

─── USAGE ───

果實可當野外救荒野果，同時也是野生鳥類喜食的食物之一。

蘇鐵

鐵樹、鳳尾蕉、鳳尾松、避火樹

Cycas revoluta Thunb.

英文名　Sago Palm
株　高　1-5 公尺
結果期　春季
落果期　春 - 夏季
用　途　景觀樹、果實手作

種子又稱「鳳凰蛋」，含油脂和豐富的澱粉，經過加工去毒後供食用和藥用。
照片提供／施瓊虹

常綠植物，莖幹短粗，更顯集中在莖頂羽狀分裂狀的葉子特別長，像是鳳凰的鳥羽，又名「鳳尾蕉」。蘇鐵同松科都屬於裸子植物，裸子植物名稱源自希臘語 gymnospermos，意指「裸露的種子」。因為裸子植物的胚珠（未來演變成種子的部分）沒有子房壁保護，故稱做裸子植物。蘇鐵壽命可達 200 年以上，不容易親眼見到開花，因此又有「鐵樹開花」一詞，形容不容易實現目標。

羽狀葉有如展開的鳳凰尾巴。

| 種子特色 |

種子為扁倒卵形，外種皮為橙紅色。質地堅硬，處理過後的種子適合雕刻或是做為種子創作。

外種皮容易脫落。

種子
5-6cm

 USAGE

蘇鐵植株優美，適合做為景觀植物。葉可為插花材料。種子具有毒性不可誤食，會刺激胃腸道，劑量過高時將導致肝功能衰竭等中毒現象。

種皮不易儲藏，容易被鼠類啃咬，亦可先去皮後再行創作。作品設計／許惠婷

林投

露兜樹、野菠蘿、假菠蘿、海菠蘿

Pandanus odorifer (Forssk.) Kuntze

英文名　Thatch Pandanus、Screw Pine
株　高　5 公尺
結果期　春 - 夏季
落果期　夏 - 秋季
用　途　濱海固沙植物、食用、提取纖維

分布在台灣全島海邊、路邊、溪邊及濱海地區。屬名 *Pandanus* 意指果實巨大且引人注目。常綠灌木，氣生根常從莖幹生成大型之支柱根支撐樹幹，有分枝，樹幹粗糙有瘤狀突起，環紋明顯。恆春半島的居民因早期物資匱乏，取林投的果實來煮茶，炎夏飲用能消暑解渴，緩解身體「艱苦」的難受，又呼應早年生活的困頓，因此林投果煮製的茶飲被稱為「艱苦茶」。此外，在蘭嶼的達悟族人稱為「ango」，果實生吃之外，也拿取林投的枝芽嫩髓炒食；以其氣生根烤或曝晒飛魚；樹幹可作圍籬；還會拔取葉片用來驅趕魚群及避邪之用。

葉緣上有棘刺，栽做樹籬能有防衛的功能。

| 果實特色 |

球形聚花果大、單生，向下懸垂，像是掛在樹上的 " 菠蘿 "（鳳梨），因此又名「野菠蘿」。果實由 40-80 個倒圓錐、稍具稜角的肉質核果組成。核果外部堅硬，基部軟，富含纖維質以利水力傳播。可食用，味道香甜，口感與花生相似。

青色的聚合果成熟時轉為橘紅色。

聚合果長 20cm

核果 5cm

核果之宿存柱頭稍凸起呈乳頭狀。

┌─ USAGE ─┐

林投具耐風、耐鹽的特質，且繁殖容易，是台灣常見的海岸防風定砂植物。其莖頂芽梢可做菜餚，味如春筍。葉纖維可編製蓆、帽等工藝品。

紅刺露兜樹

紅刺林投、紅林投、紅章魚

Pandanus utilis Bory

英文名	Common Screw Pine
株　高	8 公尺
結果期	春 - 夏季
落果期	夏 - 秋季
用　途	景觀樹、濱海造景植物

原生於馬達加斯加，當地居民將葉子的刺去除後，編織成為籃子、草蓆、草帽等手工藝品。株型具有熱帶意象，引入台灣主要做為景觀栽培使用，外型與同屬林投相似，又名「紅刺林投」或是「紅林投」。常綠灌木或小喬木狀，株高可達 8 公尺，幹分枝少，具輪狀葉痕，主幹下部生有粗大且直立的氣根，根狀似章魚，極為特殊，也被稱「紅章魚」。

| 果實特色 |

下垂的球形聚合果，約有 100 個核果，成熟時會由綠色轉為黃色或是橘紅色並掉落，因種實富含纖維質而有利於水力傳播。核果的顏色及形狀特殊，常被用來製成飾品。

整顆聚合果長
25-35cm

排列的核果聚合而生。

1. 支持根向四方伸展，有如章魚腳。2. 葉緣及葉背中勒有紅色尖銳鉤刺。

核果長
2-3cm

成熟的核果掉落一地。

USAGE

適合做為濱海風景區造園樹種。核果燃燒後會產生大量無味的白煙，成為養蜂人燻蜂、整理蜂房時，用來產生煙霧的材料之一。

印加果

南美油藤、星果藤、印加花生

Plukenetia volubilis L.

英文名　Sacha Inchi、Sacha Peanut
結果期　全年
落果期　全年
用　途　食用、提煉油脂、果實手作

多年生藤本植物，原生地在南美洲安地斯山脈的熱帶雨林，據稱被當地原住民從大量馴化種植及食用已有三千多年的歷史。在古印加時代和前印加時代的古墓出土陶器上，曾發現印加果的圖案。全年開花結果，其種子富含蛋白質及 Omega-3 等多種成分，近幾年來台灣已有農場廣泛栽植，做為提煉食用油的原料。

| 果實特色 |

蒴果具 4-7 條稜狀突起，成熟時由綠色轉成褐色，有如卡通角色「派大星」。果實成熟後開裂，呈現星星的形狀，因此又稱「星果藤」。

1

果實 3-5cm

1. 未 熟 果。2. 成熟開裂的果實。每一瓣裡頭含 1 顆扁平圓形的種子。

2

--- USAGE ---

印加果油味道溫和，帶有堅果味，烤過的種子可當作堅果食用，也可以咀嚼烤過的葉子或製成茶。儘管未加工的種子和葉子中含有毒素，但這些成分在烘烤後可以安全食用。種子用冷壓提煉極其豐富且高品質營養油，普遍使用在日用品、保健食品、藥用及化妝品等用途。

果實乾燥後，也適合用於創作。將其果皮去除便是一枚可愛有形的星星。

種子 1.5cm

阿里山忍冬

漸尖葉忍冬、石山金銀花、阿里山金銀花

Lonicera acuminata Wall. ex Roxb.

果實 0.6-0.7cm

果實成熟時為黑色。

英文名　Alishan Honeysuckle
結果期　夏季
落果期　秋季

常見生長於台灣中高海拔山區，草生地或森林邊緣。外形與低海拔常見的金銀花 *Lonicera japonica* 相似，因其開花具花色變化的現象，初開時為白色，後期轉為黃色，因此得名「金銀花」。阿里山忍冬為半落葉或落葉木質藤本，莖具纏繞性；果實為卵形漿果，成熟時吸引野生鳥類前來覓食。

忍冬科的花，俗名常稱為金銀花。

1. 果實呈連體嬰的模樣。2. 熟果轉為鮮紅色。

果實 4-6mm

追分忍冬

Lonicera oiwakensis Hayata

台灣特有植物，種小名 *oiwakensis* 指在南投霧社發現，分布於北部及中部中海拔約 1,800-2,300 公尺的山地，和阿里山忍冬一樣，平地無法栽植。果實亦為球形漿果，春季結果，兩果成連體狀態。不過它屬於落葉灌木或小喬木，株高約 5 公尺。花白色，有時帶有粉紅色暈，花開並蒂，單梗有 2 花。

老虎心

刺果蘇木、大托葉雲實、肉葉刺、搭肉刺

Caesalpinia bonduc (L.) Roxb.

照片提供／林柏源

英文名　Nicker Nut Caealpinia
結果期　春季
落果期　春末夏初
用　途　綠籬植物、榨油

零星分布於宜蘭、新竹、曾文溪口、蘭嶼、東沙島及南沙島、南部海岸灌叢或低海拔叢林內。老虎心全株有刺（僅種子除外），常因阻礙通行招致被砍除的命運，加上在台灣分布侷限，被列入瀕危物種。匍匐性木質有刺藤本，莖具刺，全株均被黃色柔毛；刺直或彎曲。葉為二回羽狀複葉，葉軸有鈎刺。

1. 未熟果。
照片提供／林柏源
2. 成熟開裂後的果實。
照片提供／施郁庭

｜果實特色｜

莢果革質，呈長圓形，頂端突出成喙，呈膨脹狀，咖啡色的表面布滿細長針刺。其內含 2-3 顆近似球形的種子，呈鉛灰色且表面光澤可防水，是能夠透過水力傳播的海漂植物。

莢果外殼密布
細長針刺。

果實長 5-7cm
寬 4-5cm

種子 1.5cm ←

種子表面為特殊的鉛灰色。

USAGE

植株全身有刺，又具攀延性，可做具阻絕功能的綠籬。果殼、莖皮含鞣質，可製栲膠；種子可榨油。

220

大血藤

恆春血藤

Mucuna gigantea subsp. *tashiroi*

英文名 Elephant Cowitch、Giant Mucuna、
Hengchun Mucuna
結果期 全年
落果期 秋或春季
用　途 綠廊爬藤植物

全世界血藤屬（*Mucuna*）植物有 100-120 種，主要分布於熱帶及亞熱帶地區，台灣原產有 3 個分類群，分別為血藤（*M. macrocarpa*）、大血藤（*M. gigantea subsp. Tashiroi*）及蘭嶼血藤（*M. membranacea*）。大血藤相較血藤不常見，僅見於台灣南部低海拔山地。血藤屬植物可行自花授粉，但大血藤龍骨瓣相對長且厚，構造較為堅硬，需經由體型較大的動物幫忙打開才能完成授粉。花朵基部分泌花蜜，吸引動物前來吸食，同時攜帶其他植株的花粉，增加異花授粉機會。

花為黃綠色或淡綠色，常 12-30 朵呈總狀花序下垂排列。
照片提供／施郁庭

| 果實特色 |

果實為長橢圓形莢果，外殼覆有稀疏的剛毛，被黃褐色伏貼短毛，後脫落無毛，邊緣增厚為隆起的脊，兩邊具翅；種子 1-3 顆，成熟時果皮轉為暗褐色或帶黑色。種皮與胚乳間有間隙，堅硬的種皮具有保護及休眠的作用，故種子可進行長時間且長距離的海漂傳播。

果實長 12cm
寬 4.5cm

種子 3cm

USAGE

覆蓋面積廣，適合做為綠廊爬藤植物。全草可做飼料，莖還可入藥，其毛具刺激性。

血藤
電火子

Mucuna macrocarpa Wall.

英文名　Rusty-leaf Muuna、Large-fruit Mucuna
結果期　夏末 - 初秋
落果期　冬
用　途　綠廊爬藤植物

多年生木質藤本，分布在低、中海拔山區潮溼潤葉樹林緣或溪邊。枝條被鏽褐色絨毛，切開莖幹後汁液氧化呈鮮紅色而得名「血藤」。研究指出在台灣，血藤可藉由哺乳類動物如赤腹松鼠、條紋松鼠幫忙授粉。原住民族如排灣族及魯凱族的貴族家族嫁娶儀式中，在家屋前架立鞦韆會使用血藤較粗的莖條，做為婚禮儀式中的繩索。早期的小孩還會把血藤子在地上磨熱後，拿來觸碰及捉弄別人，是有趣的童玩植物。

1. 血藤未成熟花苞。2. 總狀花序長梗懸垂，成串可達40公分；紫紅色的花與大血藤綠色花不同。

┃果實特色┃

果實為扁平莢果，帶有鏽褐色絨毛，成熟時開裂，圓扁質地堅硬的黑色種子外觀與圍棋黑子相似。

種子
2.3-3cm

莢果長 20-40cm

實扁平莢果帶有鏽褐色毛。

USAGE

常綠藤蔓型植物，其覆蓋面積廣，是優良的綠廊爬藤植物。

使君子

留球子、留求子

Combretum indicum (L.) DeFilipps

英文名　Rangoon Creeper
結果期　夏 - 秋季
落果期　冬季
用　途　棚架花廊植物

落葉性木質藤本，植株各部有鏽色短絨毛；幼時全株被鏽色柔毛，初具直立莖，後葉柄變形，呈刺狀能攀延伸。花朵初開時白色，漸轉為粉紅色，最終則為血紅色。從古至今為著名的驅蟲藥，用於治療小兒病症至少已有 1,600 多年歷史。相傳古時有一名「郭使君」的醫者，他善用此植物的果實來為小兒治病，後人為感念他，以其名做為此植物名，得名「使君子」。

頂生繳房狀的穗狀花序，盛花期花多艷麗
(圖中為重瓣品種)。

| 果實特色 |

果實橄欖狀，成熟時黑褐色，頂端狹尖，基部鈍圓，有明顯的圓形果梗痕，具 5 條縱稜，偶有 4-9 稜。

未熟果與葉子顏色相近，不容易被注意到。

果實 *3-5cm* ←

USAGE

常見於居家、庭園或綠廊景觀栽培，盛花時花團錦簇，具有淡雅香氣。建議可在涼季或冬季，視生長的狀況，每年或每 2 年進行強剪以控制株高及形態。

姬旋花
木玫瑰

Merremia tuberosa

藤本　旋花科　蒴果　有毒

英文名　Wood-rose
結果期　春季
落果期　春季
用　途　棚架花廊植物、乾燥果材

多年生藤本植物，可蔓延長達 20 公尺，葉深掌狀
7 裂，金黃色的花如牽牛花漏斗形花冠，盛花時
期炫麗奪人。因其木質化的果實成熟後，萼片會
不規則開裂，外型有如一朵褐色的乾燥玫瑰花，
因而被稱為「木玫瑰」。對環境適應性佳且生命
力旺盛，在庭園栽種植時要注意不宜逸出，避免
成為強勢的入侵物種。

盛花時期，金黃色花極具觀賞價值。

| 果實特色 |

球形蒴果，果實漸大成熟，顏色也由綠轉
褐，成熟後萼片不規則開裂且呈木質化，
整朵約 8-10 公分大。蒴果內含數顆黑色種
子，可直接播種，發芽率高；種子有毒不
可誤食。

受粉成功，結果後準備開裂的果實。

果實剝開後可見黑色
種子藏置其中。

種子 2cm ←

USAGE

適合作花架、花廊、涼棚及欄
杆等設施的綠美化使用。果實
可以做為乾燥花，提供花藝或
種子創作材料。

黃藤

台灣黃藤、五脈剛毛省藤、闊葉省藤

Calamus formosanus Becc.

英文名　Margaret Rotang Palm、
　　　　Yellow Rotang Palm
結果期　秋季
落果期　秋 - 冬季
用　途　製作編繩與藤條

常見生長於台灣各地中、低海拔闊葉林中。多年生有刺木質藤本植物，莖長達 70 公尺以上，葉為羽狀複葉，先端伸長為纖鞭，長 1-2 公尺。其幼嫩心部是東部阿美族人「十心菜」中的一種（其它還有牧草心、檳榔心、甘蔗心等），入菜與排骨做湯品，味苦而回甘，別具滋味。

照片提供／裘寒白

全株被有刺，要當心刺手。

| 果實特色 |

果實為橢圓形核果，果皮薄而有光澤，被著像是蛇皮般的覆瓦狀鱗片，裡面有 1 粒球形種子，柱頭宿存，滋味酸。果實晒乾後輕薄易碎，乾燥後要小心保存。

未熟果。

果實
2-2.5cm

熟果。

種子
1-1.2cm

── USAGE ──

將莖上的刺去除後，取其藤皮可製作編繩，用做蓋房子或工寮的繩索、揹籃、頭帶、織布機腰背帶及手工藝品等。去皮後粗的藤條可當小刀柄。此外，藤心打汁可用於止血；藤條也是製作山豬陷阱的理想材料。

藤本 — 棕櫚科　　核果　無毒

猿尾藤

風車藤、虎尾藤、牛牽藤、紅藥頭

Hiptage benghalensis (L.) Kurz

照片提供／高永興

英文名　Bengal Hiptage、Trinity Tripterocarp
結果期　春季
落果期　春 - 夏季
用　途　棚架景觀植物

木質藤本的猿尾藤從熱帶到溫帶廣泛分布，被列入「世界百大外來入侵種」之一。台灣全島低至中海拔 1,500 公尺以下林內均有分布。猿尾藤每年新發嫩枝，新梢尾端會上翹微捲，像猴子尾巴，故稱為「猿尾藤」；屬名 *Hiptage* 是從希臘文 hiptasthai 而來，形容其能藉風飛行的翅果。總狀花序長 10-35 公分，黃白色，花邊緣絲裂狀。此外，它也是淡綠弄蝶（*Badamia exclamationis*）與鸞褐挵蝶（*Burara jaina formosana*）幼蟲的食草。

| 果實特色 |

翅果具有 3 片革質翅，當其成熟時呈現黃褐色，並在脫落時展現如同飛機螺旋槳的旋轉動作，藉由風力傳播。果實大小約為 4-5mm，球形的種子大小 3-4mm 且帶有光澤。

種子帶著 3 片有如飛機的螺旋槳。

花瓣邊緣呈絲裂狀，十分細緻。照片提供／高永興

三星果藤
星果藤

Tristellateia australasiae A. Richard

英文名　Shower of Gold Climber
結果期　全年
落果期　全年
用　途　棚架景觀植物

英名 Shower of Gold Climber 指攀藤性金色閃亮的花朵量多如雨傾洩而下；屬名 *Tristellatcia* 意指翅果持有三側翅而呈星狀排列。生長於恆春半島、蘭嶼海岸林邊，是台灣嚴重瀕臨絕種的木質藤本植物，但其耐旱、抗風、喜歡陽光，在溫暖地區可以全年開花，是很理想的藤架植栽，適合推廣種植。建議到花市或園藝店採購經大量人工繁殖的植栽，以便保護棲地種源，減少濫採而造成原生物種的滅絕。

常綠蔓性藤本，以柔軟的莖部纏繞攀爬，
開花於枝端，花色鮮黃。

星狀果實 1.5-2cm

| 果實特色 |

三星果藤也叫「星果藤」，其名來自於它如星星狀的翅果。由於種子容易在成熟後脫落，難以採集，建議在春季採取枝條扦插繁殖，發根存活率高。

――― USAGE ―――

普遍被栽培作綠籬藤架植栽，花開時十分壯觀、鮮豔亮眼。

山葡萄

大本山葡萄、蛇白蘞、假葡萄、野葡萄

Ampelopsis brevipedunculata var. hancei

英文名　Taiwan Wild Grape、Porcelain Ampelopsis
結果期　夏季
落果期　夏 - 秋季
用　途　棚架景觀植物

台灣常見生長於路旁灌木叢或籬笆、山區路旁樹
上。多年生蔓性藤本，分類上屬於葡萄科、山
葡萄屬，英文又叫 Taiwan Wild Grape，可說是
台灣野生的葡萄。當果實成熟時，經常有人好奇
是否如葡萄一樣可以食用，但事實上山葡萄的
漿果有毒，不可食用。山葡萄同時是數十種蛾
類幼蟲，如紅緣燈蛾（*Aloa lactinea*）、姬缺角
天蛾（*Acosmeryx anceus subdentata*）、斜綠天蛾
（*Pergesa acteus*）的食草，因此有機會在葉子上
發現其蹤影。

葉片心形或心狀圓形至三角狀卵形。
經常布滿圍牆或是鄰樹。

｜果實特色｜

果實為球形漿果，最初呈綠白色，其後變
淡紫，最終變成碧藍色，表面生斑點，內
有種子 1-3 粒。屬名 *Ampelopsis* 意指很像
葡萄的植物且有密切的親緣關係。

未熟果為綠色或淺藍色。

果實 0.5-0.8cm

USAGE

具攀附性，可栽培運用於棚架，做為
綠化觀賞；也能利用其根莖栽植成附
植盆栽或野趣盆栽欣賞。

木鱉子

木虌子、刺苦瓜、Sukuy(南勢阿美族語)

Momordica cochinchinensis (Lour.)
Spreng.

英文名　Cochinchina Momordica Seed
結果期　春季
落果期　夏 - 秋季
用　途　食用、種子手作

分布於台灣全島中南部、東部平野及低海拔森林中。其塊根粗壯，卷鬚與葉對生，圓形至闊卵形具三深裂的葉片。花單性為雌雄異株，夏季開淺黃色花；雄株不結果，雌株授粉後結果，阿美族稱它為「sukuy」，摘取其嫩葉及未熟之綠色果實做為蔬菜，常以煮湯方式食用。

夏季開淺黃色花。照片提供 / 蔡振義

| 果實特色 |

果實約 20 公分大，形狀似橄欖球，起初為綠色，成熟後轉橙黃色，表面有肉質刺狀突起。種子成熟時呈黑褐色，外有一層鮮紅色帶甜味的黏膜，洗淨後扁平似鱉甲狀，因此稱之為木鱉果。

照片提供 / 蔡振義

紅色的果肉可供食用。

果實約 20cm

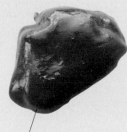

種子洗淨之後，外形與質地像是鱉甲。

種子 2-3.5cm

藤本 ─ 葫蘆科

漿果 ─ 無毒

USAGE

木鱉果的營養豐富，被譽為「來自天堂的水果」，含有豐富的茄紅素，成為近年養生的明星植物。去除黑色種子後，將其成熟果肉煮熟、加熱後打成果汁飲用。另外，因種子外形特殊，亦受到種子創作者喜愛。

大葉南蛇藤

過山風、大本穿山龍、圓葉南蛇藤

Celastrus kusanoi Hayata

英文名　Kusano Bitter Sweet
結果期　夏 - 秋季
落果期　秋 - 冬季
用　途　乾燥果實布置

台灣常見生長於中南部低、中海拔 300-2,500 公尺森林中。屬名 *Celastrus* 由希臘文 kelastros 組成，意指其蒴果整個冬天都不掉落，如常綠喬木永不落葉的意思。衛矛科植物在全球有 1,300 多種，台灣目前紀錄的種類有 20 種，絕大部分都屬於木本植物，有高大喬木也有矮小灌木，還有一些是攀爬的木質藤本植物；而大葉南蛇藤屬於落葉藤本灌木，一旦葉子都落下，滿滿果實成熟開裂展露出的橘紅色種子，更能引人注目。當在森林遇上樹藤（莖）生長到 20 公分寬，因重量整個彎曲懸盪在林間，看起來就像是電影中的森林王子掛盪的樹藤。

| 果實特色 |

蒴果球形或近球形，成熟時 3 瓣裂；瓣片圓形，先端短銳尖。種子具有光澤的橘紅色假種皮，鮮豔的假種皮還因帶有糖分，更能吸引螞蟻或鳥類取食，最終種子會隨動物的移動及排泄物而傳播。

成熟開裂時，露出橘紅色假種皮的種子。

果實 0.8-1cm

乾果型態優美，且乾燥後的果實不易掉落，適合做為布置之用。照片提供／洪靚慈

印度鞭藤

鞭藤、鬚葉藤、藤竹仔、蘆竹藤

Flagellaria indica L.

英文名　Whip Vine、Hell Tail、Supplejack、
　　　　False Rattan
結果期　春季
落果期　春 - 秋季
用　途　提取纖維、編織

分布於台東海岸山脈森林中、恆春半島、蘭嶼及綠島等海岸林。屬名 *Flagellaria* 用以描述本種植物葉片末端似鞭而捲旋狀的形態，其功能可協助植株纏繞、攀爬在其他植物或大樹上生長。印度鞭藤葉片與竹子相似，因生長形態及其特殊的葉形又名藤竹仔、蘆竹藤。蘭嶼的達悟族人及恆春半島的排灣族人，會利用其莖條切斷或縱切製成繩索，綑綁茅草築屋，或當作茅屋的結構用材。

果實 5-9mm

| 果實特色 |

核果肉質球形，成熟時顏色會從綠色轉變為紅色，內含 1 顆種子。果實可提供野生動物食用並且傳播種子。

葉片的形狀像是竹葉，且先端呈捲鬚狀，用葉子末梢去纏繞其他植物或攀爬纏繞在大樹生長，是很特別的生存方式。照片提供／高永興

台灣羊桃

台灣獼猴桃

Actinidia setosa

英文名　Taiwan Actinidia
結果期　夏季
落果期　夏 - 秋季
用　途　綠廊植物、食用、藤枝花材

全島海拔 1,600-2,800 公尺的山地均有分布。屬名 *Actinidia* 意指漿果有宿存的 5 枚輻射線狀花柱。落葉木質藤本，全株包括莖、枝、葉、果均密被鏽褐色毛。全台獼猴桃科植物共計 6 種（獼猴桃又稱「奇異果」，Kiwifruit），本種為台灣特有原生植物，生性喜愛陽光，常見攀附在產業道路旁的樹林上。獼猴桃科果實富含維他命 C、維他命 E 及幫助消化的纖維等營養元素，能在野外發現原生種的奇異果經常讓人感到十分驚奇。

而平時我們從水果行、超市所購買的奇異果則大多由紐西蘭進口，其實它的原生地是在中國，在 100 年前被帶到紐西蘭種植，由於當地氣候適宜生長，產量與品質均佳。

— USAGE —

適合當綠廊植物。果實可生食或做果醬。藤枝線條優雅且柔軟好塑型，可運用於插花，營造出作品的空間感，或纏繞成環狀，做為花圈的基底。

| 果實特色 |

果實為長橢圓形漿果，密生褐色粗毛；黑褐色種子細小而數量多。可為人類及野生動物（包括齧齒類動物或是鳥類）的食物來源。

果實末端上可見殘留花柱。

果實 5cm　　　　殘留花柱

葉近圓形，具鏽褐色毛。照片提供／洪靚慈

果實長 5~8cm

台灣魚藤

Millettia pachycarpa Benth.

同種異名 *Millettia taiwaniana*。常見於台灣低海拔山區步道旁或是溪邊。木質藤本，莖具攀爬性，全株具褐色絨毛，羽狀複葉，春季開花，花序為假總狀花序，花色淡紅或淡紫色。

台灣魚藤根部含有魚藤酮，為一種無色無味的化合物，能防治多種農業害蟲，且具有不污染環境和不易產生耐藥性等特點，經提煉後可做為除蟲劑使用。魚藤根部和莖具毒液，原住民將其根部搗爛後所流出的汁液放到溪水中，可使魚類行動遲緩而易於捕捉，又名「毒魚藤」。

魚藤遠看會誤以為是原生的獼猴桃。木質莢果為球形或長橢圓形，外面長有小瘤，內有種子 1~3 枚，多數為 1 枚，不開裂。

PART

3

一起來玩果實種子

FRUITS
&SEEDS

果實種子的處理

撿拾回來或是來自生活中的果蔬種子，可能表面附著原來環境的泥土及髒污；也可能因為食用的不夠乾淨，殘存著果肉，在進行乾燥之前必需經過清洗、殺菁、去皮、修整（打洞、漂白、上色）等等過程，才能將種子以完整的原姿態保留下來。

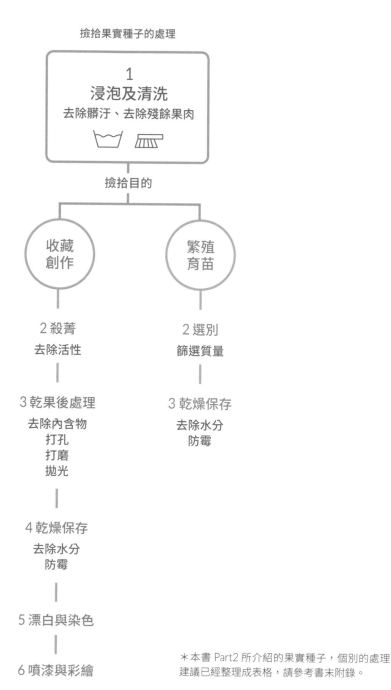

撿拾果實種子的處理

1
浸泡及清洗
去除髒汙、去除殘餘果肉

撿拾目的

收藏
創作

繁殖
育苗

2 殺菁
去除活性

2 選別
篩選質量

3 乾果後處理
去除內含物
打孔
打磨
拋光

3 乾燥保存
去除水分
防霉

4 乾燥保存
去除水分
防霉

5 漂白與染色

6 噴漆與彩繪

＊本書 Part2 所介紹的果實種子，個別的處理建議已經整理成表格，請參考書末附錄。

浸泡及清洗

種子處理的第一個步驟，首要先透過浸泡的方式來軟化種子外部的髒污並做清洗。聽起來似乎很容易，但實際上需要特別仔細，除了配合刷洗之外，在大量處理的情況下，建議利用高壓水柱來沖洗種子，會更為乾淨又有效率。

殘餘果肉的處理方式

(1) 反覆浸泡換水：

讓表面的果肉輕醱酵後再進行刷洗，醱酵後的果肉會更容易清除，但如不換水會有發生異味的問題。

(2) 密封處理

將全果或帶有殘餘果肉清不乾淨的種子，裝入封口袋或塑膠罐，混入一點泥土再密封，利用土壤內的微生物分解殘餘在種殼上的果肉。視處理的種子及數量，一般少量 2-3 週後就能清除乾淨。如數量多些，密封處理的時間需要再拉長一點，泥土為最佳的氣味吸附劑，還能在醱酵的過程中吸附異味。

(3) 鹼液處理

浸泡於小蘇打或苛性鈉（氫氧化鈉）濃度為 5% 的水溶液，利用鹼液去除較難清的殘餘纖維與果肉。亦可以利用濃度較高的肥皂水、洗衣粉、洗碗精等鹼性水溶液，以 80° C 浸煮種子 5-8 分鐘，去除難以清理的纖維及細節。

實作練習－石栗

石栗為常見的觀賞樹種，種子撿拾後的處理示範如下：

Before　撿拾當季落果，仍帶有果肉。也可以撿拾去年的落果，果肉已經自然分解的種子。

1.　剝除果肉後，種子外仍殘留些許果肉。如不急著清理，可置入封口袋或罐中並混入泥土，以自然方式清除果肉。

2.　嘗試浸水後再以人力刷洗，仍無法清理乾淨。

3.　嘗試以鹼液浸泡處理後，可將殘餘果肉清除乾淨，但外觀會有鹼液處理的痕跡。

4.　塗抹凡士林或上透明漆，讓石栗種子外觀有油光或增亮的效果。

After　處理完成後的種子外觀。

實作練習－**錫蘭橄欖**

以錫蘭橄欖為例，利用密封法進行果肉的清理示範：

Before 於冬、春季撿拾的錫蘭橄欖落果。

1. 將果實或果肉尚未清理乾淨的種子，置入封口袋中，混入土壤。

2. 密封約 3-4 週後取出，可觀察到果實已經腐爛，果肉分解且容易自種子剝離。

After 洗淨後，經由真菌分解，以全果埋入土壤中的種子，仍維持原有色澤；但置入果肉清除不全的種子，經由真菌分解、醱酵過程，種核變黑，形成帶有黑皮的種子。

浸泡法對照 比對以水浸泡 3-4 週、每週換水一次的做法，果肉仍無法分解完全。需再以鋼刷將果肉刷除。

密封法優點

1. 利用土壤內含的豐富菌相進行分解，省時省工，方便處理大量的種子。可在處理時添加少許氮肥，能縮短果肉分解的時間。

2. 使用透明的密封袋及透明容器，容易觀察果實及果肉分解的狀態。

密封法要領

1. 為避免產生異味，應確實以土壤完全覆蓋。

2. 進行密封分解的過程，置入的果實或種子狀態須一致，有助於控制果肉分解的時間，處理後的種子狀態會較整齊。須留意如處理時間過長，種子可能會因醱酵而產生變色的情況。

殺菁

進行種子標本保留或未來用於各類創作的種子素材，在清洗後且乾燥之前，必須經過殺菁的工序，使種子失去活性，以便維持當下最美的樣態，有助於避免種子外觀或質地的劣化。

 未殺菁 　未經殺菁處理的種子會隨著時間而老化，種子外觀逐漸剝落。

 已殺菁 　經過殺菁處理後，種子能夠保持原有的外觀不變。

殺菁方式：沸水、冰凍

為了破壞種子內的酵素活性，常見的方法是利用高溫處理，其中一種方式是使用沸水進行氽燙，通常需持續 3-5 分鐘，或者使用冷水煮沸後即熄火的方式達到殺菁的目的。此外，還可採用微波爐或電鍋蒸煮的方式進行殺菁。高溫處理不僅能夠去除活性，還具有殺蟲的效果，有助於在種子乾燥前，清除可能隱藏在其中的蟲卵。

沸水殺菁 　適用種子：
大型種子及種殼堅硬的為主，如：石栗、錫蘭橄欖、台灣胡桃、薏苡、桃、李、梅、櫻桃、無患子、殼斗科等。

冰凍殺菁 　適用種子：
雞母珠、相思豆、蛋黃果、欖仁青果、芭樂青果、殼斗科等。

選別

如撿拾種子或收穫種實目的，是為了進行繁殖或育苗，在清洗乾淨之後，需要透過精心的選別程序，再進行後續的乾燥，讓種子的含水量降低，以延長種子的貯藏壽命。

水選法

清洗種子時，將那些漂浮在水面上發育不充實，質量較輕的種子剔除，留下來的種子，即為質量較佳的種子。有些植物選種時會加入一定比例的鹽，讓水比重增加，以選別出比重夠重（發育飽滿的種子）能沈於水下的種子。適用於各類漿果植物，如：番石榴、葡萄、蕃茄、藍莓、奇異果、可可樹、咖啡等。

實作練習－睡蓮

1. 睡蓮的果實，當睡蓮花開後，果實發育成熟會沒入水中。

2. 採下的睡蓮果實，置入網袋中以搓洗的方式，將果肉清除乾淨。

3. 可重複搓洗數次，直到果肉清除乾淨為止。

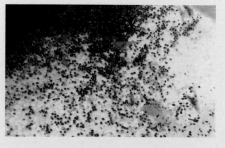

4. 留下沈入水中的種子，後續種植較能順利發芽。

風選法

常用於較小型的種子，可利用吹風的方式，將重量不足的種子剔除。過往農業時代的風鼓車，即利用風選的方式，進行收穫後稻米的選別。居家可利用以嘴吹氣的方式進行簡易的風選。適合於各類乾果，如菊科的草本植物，像是孔雀草、百日草、大波斯菊、茼蒿、向日葵、蒲公英等。

實作練習－六神草

菊科的六神草又名鐵頭菊，為著名可用於跌打損傷外用青草藥洗成分之一。

1. 將乾燥的花序收穫下來陰乾後，將頭狀花剝開來，可看見殘餘的花序組織與乾燥的黑色種子。

2. 利用嘴輕輕吹拂的方式，將花序的乾燥物吹除，留下黑色發育充實的種子。

乾果後處理

去除內含物

沒有果肉的種子，在簡單清洗之後，可利用剪刀、斜口鉗等工具直接將外部的果莢或外種皮剝除。

而像是薏苡種子，種苞鞘內部含有乾燥的胚及花序的殘存物質，可再利用迴紋針剔除乾淨，後續便可進行串珠的創作。

實作練習－薏苡

1. 將成熟薏苡採摘收集。

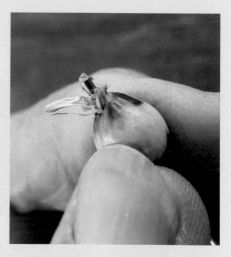

2. 利用迴紋針，將薏苡苞鞘內的乾燥殘餘組織清除乾淨。

鑽孔

如創作需要，可在這個階段為種子鑽孔。少量可以使用手持式的鑽孔器，假如需要大量
處理，建議使用小型的電動鑽孔機進行作業。

實作練習－石栗

1. 準備一台小型的電動鑽孔機，可大量處理鑽孔的作業。

2. 石栗鑽孔後，可便於串飾的創作。

打磨與拋光

有些種子經過打磨與拋光的處哩，還能提高觀賞價值，過程也是一種修身養性、保持靜心的工夫，需要保持耐心、依次循序漸進的完成。許多棕櫚科植物的種子，經打磨拋光之後，能呈現出質地溫潤、內斂且含光的外觀，使其更具魅力。

打磨

利用砂紙進行打磨作業，視種子外觀的質地而定，通常以粗糙的 100 目砂紙開始研磨，然後再改用1000-2000 目或到 3000-4000 目的砂紙（數字越大代表其表面的顆粒越細），隨著打磨次數增加，種子外觀逐漸呈現更為光亮的效果。打磨到外表達到平滑即完成。

圖為 400 目砂紙。

拋光

完成所有打磨作業後，再用含極細小顆的研磨劑及拋光蠟，配合羊毛磨頭或布輪沾抹後，去除打磨作業無法撫平的細小微痕，做最後的拋光打亮之用。

如不進行拋光，可在完成打磨作業後，以上油或噴佈亮光漆的方式取代，上油的成品光澤較溫潤有啞光的質感；而噴佈亮光漆的成品則光澤感較強，有高光的質感。

打磨與拋光在大量作業時，可選購全自動打磨機或手持式打磨機協助，以節省這道工序的處理時間。

註：「啞光」又名亞光或寶光，打磨的次數較少，成品沒有眩光，較不刺眼，光線以漫射的方式折射，有素雅溫潤、穩重內斂般的光澤。「高光」又名賊光，即打磨的次數較多，光線會直接反射較為刺眼，有著玻璃般反射的光亮感。

實作練習－檳榔

 Before 撿拾回來的成熟檳榔落果。

1. 去除富含纖維的外種皮。

2. 去除堅硬的種皮。

3. 原為液態胚乳，成熟後成為堅硬的種仁，使用 100 目砂紙打磨。

After 打磨後的檳榔種子，逐漸露出特殊的紋理分布，運用於創作別具特色。

實作練習－象牙椰子、酒瓶椰子、棍棒椰子

象牙
椰子　　象牙椰子原本的種子外觀。　　經打磨與拋光後，設計成商品。

酒瓶
椰子　　種子經過打磨、拋光後，呈
現出疏鬆的褐色花紋。

棍棒
椰子　　種子經過打磨、拋光後，呈
現出褐色不規則的紋路。

「乾燥」是保存種子極為關鍵的一個步驟，如未乾燥得宜，日後容易有發霉及遭受蟲蛀等問題。且台灣環境濕度相對較高，在後續的存放期間，仍需要不定期的將種子標本或作品進行二次或三次的乾燥，以延長觀賞及保存時間。尤其在梅雨季、連續大雨之後，或是所在地區環境濕度較高的情況下，都需要經常性使用乾燥的手段，來達成種子保存的目標。

乾燥的方式

(1) 日晒

日晒是一種無需額外能源的乾燥方式，需在穩定的氣候條件下進行，連續曝晒數日直至種子完全乾燥。日晒的時間則視乾燥物的種類而定，有些在 3-5 日即可完成，而有些可能需要 1-2 週以上。透過日晒，一來能漂白處理物的外表，二來自然植物纖維經由日晒乾燥的過程也能強化纖維的韌性。

Tip.

通常我們曝晒棉被衣物，會在黃昏前收下來，避免隔夜晾晒反潮而失去曝晒的意義。以日晒法乾燥種子，也是相同的道理。

質地堅硬的自然物，適合日晒乾燥，如各種毬果。

燕麥田間麥穗經日晒乾燥後，麥穗更為潔白。

日晒乾燥是農民常見使用的乾燥方式。圖為花生清洗後日晒情形。

經漂白處理的種子，再結合日晒能讓漂白的效果更佳。

(2) 風乾

風乾是乾燥種子常用的方式之一，最常見就是利用網袋，將清理過的種子盛裝後，高掛於陰涼通風處進行風乾，是最自然不浪費能源的一種處理方式。

此外，倒掛風乾也很常用，尤其能維持植物原有穗狀花序或果穗的自然姿態，如：小麥、稻米、月桃及烏桕等。以倒掛方式風乾也能保持草質莖直立不彎折。

月桃

烏桕

狼尾草、紅狼尾草、水稻等以吊掛風乾，能保持乾燥後仍然挺立的姿態。

若是其他乾果或核果類的種子，經過清洗後也可使用網袋進行收納，放置於陰涼通風處進行風乾。吊掛風乾適宜用在風較充足的環境，或者在乾燥的季節進行。若缺乏風吹拂的條件只能稱為「陰乾」，將需要更長的時間才能達到乾燥。

另外，有些藥用植物或香草植物，也適用風乾及陰乾的方式，避免因為日晒的高溫以及紫外線，而減損了其中的有效成分或香氣。利用風乾或陰乾的方式，乾燥後的顏色與質地也較能維持原貌。

欖仁青果及台灣胡桃清洗後吊掛風乾。

黃花夾竹桃清洗後以網袋收納、進行風乾。

各類常見的雜糧蔬果，如：花生、辣椒及黃秋葵也適用吊掛風乾。

低溫烘乾

居家亦可利用食物烘乾機進行各類幼果類的乾燥處理，且不受天候影響，可有效的進行種子低溫烘乾處理。

大型的農場或加工場，常見利用大型的熱風循環式烘箱，進行各類農產品的烘乾及乾燥處理作業。

將設備設定為低溫 40-60℃，以熱風循環的方式進行乾燥。乾燥的時間視處理種子及乾燥物的量而設定，少量或質地輕薄的材料，2-3 小時即可；如乾燥材料量大，有時需要重複乾燥的方式，處理 4-5 天。乾燥的程度，以不會產生酥脆為大原則。透過乾燥設備的處理，能控制乾燥所需的溫度及時間的設定，成果通常更為理想。

乾燥的設備也能運用種子保存，可定期利用低溫烘乾的方式，維持較佳的乾燥程度，以延長保存的壽命。

家用食物烘乾機。

大型的熱風循環式烘箱，一次可處理大量種子。

實作練習－紅刺露兜樹低溫烘乾

1.
撿取紅刺露兜樹約 8-9 分熟的球形聚合果。置於陰涼處陰乾。

2.
經過約 7-10 天後，因脫水而使得種子自行脫落，更容易將種子剝取下來。

3.
將種子全部取下後放置於端籃，平放於陰涼通風處進行陰乾。

4.
如有熱風循環式烘箱設備，以 45℃、5-6 小時，重複烘乾 4-5 次，或連續烘 2-3 天。乾燥後的種子外觀、品質均佳。

漂白與染色

漂白及染色的乾燥花材，常見於進口乾燥花材商品上，經由漂白及染色的處理，能改變原有的顏色，增添不同的色彩，提高自然物在進行創作設計時的變化。

漂白

桃金孃科桉樹鈴噹狀的乾燥果莢，經漂白乾燥後的商品。
照片提供／花物紀事

染色

石竹科麥仙翁種莢染色後的商品。
照片提供／花物紀事

莧科圓仔花經染色乾燥後的商品。
照片提供／花物紀事

一般市售的漂白水即可拿來幫種子做漂白脫色處理。其主要成分為次氯酸鈉（NaClO），常見濃度約為 5.25-6% 左右，為一種弱鹼性液體。如以含量 6% 的漂白水為例，用原液稀釋成濃度 1-2%（即 100-200 ml 加水至 600 ml），便是合適的漂白作業濃度。

漂白處理的大原則是「高濃度、短時間」或「濃度低、長時間」的方式進行。另外，濃度高的次氯酸鈉，適用於質地較厚實的材料，如毬果浸泡；濃度較低則可用於質地較薄的種子或乾燥材料。

次氯酸鈉漂白的原理為一種氧化還原反應，將乾燥的果實浸泡後，其釋放的氯自由基，透過氧化反應將顏色去除或變淡，達到漂白的效果，或使深褐色的各類果實褪色或變白，改變自然物原本風乾後的顏色。

漂白前－毬果褐色外觀。

漂白後－毬果內部變白。

經次氯酸鈉漂白乾燥後的種子，外觀潔淨還具有防腐的效果，能延長保存期限。

西洋李種子經漂白後，種子外觀細節更容易觀察。

桃的種子經漂白後，能移除細節處殘存不易清除之果肉。

實作練習－松樹毬果漂白

經過漂白後的毬果像披上了白色的風霜，在歐美常用來做為居家佈置使用，也可製成花環，或放置於淺缽上做為擴香的自然媒材，在點上喜愛的精油之後，這雪白的毬果成為最佳的擴香聖品，除了美觀還能滿室生香。

Before 準備玻璃瓶、市售漂白水、乾燥的毬果等果實。

1. 將毬果、果實置入玻璃瓶內。

2. 倒入漂白水，直至淹過所有果實。

3. 浸泡約 30 分鐘後，各類果實的表面開始脫色。

4. 浸泡隔夜後，視漂白的程度，可以更換漂白水或繼續浸泡。

After 浸泡 1-2 天後，取出來晒乾或風乾均可。

實作練習－印度紫檀種子染色

經染色的乾燥花材或種子材料，在染色之前也幾乎都有先進行漂白處理，以便染色時有較佳的上色效果。在居家簡易的操作中，可以使用人工色素或食用色素進行染色。染色的常見做法為浸泡隔夜或數日，待外觀充分染色後取出，然後進行乾燥即可。底下以印度紫檀種子為例，進行染色的示範：

Before 秋冬季撿拾的印度紫檀落果。

1. 浸泡於漂白水原液中直至漂白。

2. 取出後，以大量清水沖洗或以清水浸泡，換水 3-5 次。

3. 滴入數滴喜愛的色素，水位以能充分浸泡種子即可。

4. 浸泡隔夜或至吸附顏色後即可。放置於紙上陰乾或以低溫烘箱進行風乾。

After 染色乾燥後的成品。

噴漆與彩繪

除了染色以外，以噴漆及利用壓克力顏料刷白或進行彩繪方式，增加各類乾燥果實或乾燥自然物的觀賞價值。或者是利用蝶古巴特方式，在有較大面積種子的表面，以專用膠拼貼帶有圖樣的餐巾紙後，讓原本素色的種子變身成為藝術彩繪感十足的裝飾物。

大花紫薇的果實於冬春季成熟。

噴上金漆，成為增添年節氣息的
乾燥素材。
照片提供／花物紀事

藍花楹莢果，撿拾回來乾燥後的模樣。

運用蝶古巴特的技巧，將圖樣黏貼於莢
果表面，製作成掛件飾品。

商品稱為「小松花」，實為某種杉科植物的
乾燥毬果，常見以壓克力顏料刷白，營造出
霜雪的氣氛。

創意手作

種子創作適用各個年齡層,目前在樂齡學習中心,這項活動尤其適合長者,有助於增加長者們動手及思考的機會,進而延緩老化,減少失智的風險。

學校方面則以國小自然生態及藝術深根課程為主,主要目的是激發學生對校園植物及生態環境的關注,打開他們自然觀察之眼。

而在市集攤位上進行的種子創作教學,能夠實際與一般民眾或親子分享種子的奧妙,讓參與者在現場體驗種子創作的樂趣。若能在閒暇時走入大自然,就有機會發現種子無所不在,像是尋寶一樣令人驚奇。撿拾來的果實種子除了單純收藏,也可以進一步發想創作,延伸它們的美好。

底下讓我們一起利用果實種子激發想像、實現各種手作創意!

鼠來寶

狐尾椰子種子外型，有人形容長得像極了鼴鼠或是老鼠，近年來受到種子創作愛好者的喜愛。這個以老鼠為主題的創作，不論是長輩、年輕人或是孩童，總是對其形狀和特殊紋理表現出濃厚的好奇心，特別是選取橡實帽來象徵招財的大耳朵，讓整個作品更為生動活潑。

工具 │ 熱熔膠槍

材料 │ 木片、狐尾椰子種子、克蘭樹果實、月桃果實、台灣赤楊果實、
　　　青剛櫟及栓皮櫟帽殼、美人蕉種子

│ 做法 │

Step 1. 利用熱熔槍將狐尾椰子種子先行黏貼在木片底座
上，做為老鼠的身體。

Step 2. 在狐尾椰子種子黏上 2 個青剛櫟
帽殼做為大耳朵，並黏上 2 顆美
人蕉小種子做為眼睛。

Step 3. 老鼠本體完成後，接著利用其
他小型種子，如：克蘭樹、月
桃等等來點綴底座，增加場
景感。

❶ 栓皮櫟
❷ 美人蕉
❸ 青剛櫟
❹ 狐尾椰子
❺ 台灣赤楊
❻ 月桃
❼ 克蘭樹

鈕扣豬

這款簡易的創作特別適合幼兒園階段的孩子，讓他們能夠巧妙地將回收的鈕扣和可愛的瓊崖海棠以及各種小巧的種子黏合在一起，創造出屬於他們自己的快樂豬寶寶。後來發現，對於手部力量較弱或者感到創作壓力的長者而言，這門課程更是一個輕鬆無負擔的選擇，能夠輕鬆地享受創作的樂趣，並在完成作品時產生滿足感。

工具｜ 樹脂

材料｜ 木片、兩孔鈕扣、瓊崖海棠種子、烏桕果殼或是開心果殼、
　　　 美人蕉種子

|做法|

Step 1. 利用樹脂將瓊崖海棠種子黏貼在木片底座上，做為豬仔身體。

Step 2. 黏上兩孔的鈕扣成為豬鼻子。

Step 3. 將烏桕掉落的果殼，黏貼成豬的耳朵。

Step 4. 黏上美人蕉或倒地鈴種子做為小豬的眼睛即完工。

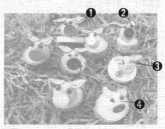

❶ 烏桕
❷ 美人蕉
❸ 倒地鈴
❹ 瓊崖海棠

雪人扭蛋

有別於一般市面上的扭蛋玩具，雪人種子扭蛋材料取自大地最美麗且天然的
果實種子，而且每個獨一無二。為了能夠讓雪人置入扭蛋殼裡，需要特別挑
選迷你的瓊崖海棠種子，再加上各種橡實果帽、描繪臉部五官來塑造雪人風
格，讓創作更顯生動活潑。

工具｜ 熱熔膠槍、奇異筆

材料｜ 小圓木片、瓊崖海棠果實、各式橡實帽（青剛櫟、小西氏石櫟、
灰背櫟等）、美人蕉或倒地鈴種子、雞母珠種子、毛線段

❶ 橡實帽
❷ 孔雀豆
❸ 倒地鈴
❹ 瓊崖海棠
❺ 雞母珠
❻ 美人蕉

｜做法｜

Step 1. 使用熱熔膠槍將兩個迷你型的瓊崖海棠種子上下黏
貼在小圓木片，成為雪人的身體。

Step 2. 選取各式不同橡實帽黏貼在雪人的頭上，成了一頂
帽子。

Step 3. 黏貼美人蕉或倒地鈴的種子當成雪人的鈕扣。

Step 4. 利用不同顏色的毛線當成雪人的圍巾，使用奇異筆
畫上五官即完成。

檳榔娃娃

課程的設計旨在喚起長者兒時的回憶，同時打開人們對檳榔種子的新視野。
透過動手剪黏的過程，增加對檳榔果實處理的理解；也能在過程中搭配解說
檳榔在地文化的深刻涵義。如果對象是孩子們，也可以讓孩子們了解檳榔產
業曾經是過去台灣勞動階層共同的回憶。

工具｜熱熔膠槍、修枝剪刀、奇異筆

材料｜小圓木片、檳榔種子、瓊崖海棠種子、各式小種子

| 做法 |

Step 1. 利用剪刀將已經乾燥的檳榔果實剪開，取出其種子。

Step 2. 將檳榔種子利用熱熔膠槍黏貼在木片上。

Step 3. 再將準備好的瓊崖海棠種子黏貼在檳榔種子上方。

Step 4. 接著將去掉種子的檳榔纖維果實剪成帽子形狀後，黏
貼在瓊崖海棠種子上，利用奇異筆點畫出眼睛，檳榔
娃娃即產出。

❶ 檳榔纖維狀中果皮
❷ 檳榔堅硬的內果皮
❸ 瓊崖海棠
❹ 美人蕉
❺ 檳榔種子

毬果雪人聖誕樹

以充滿北國風情的毬果打造聖誕樹，再加上造型雪人的陪襯，便是十分迎合耶誕氣氛的一款創作。雖然基底材料為質樸的大地色系，但只要運用繽紛的顏料加上彩繪點綴，或是黏上鮮豔的裝飾品，作品立即能展現出濃厚的節慶氛圍。

工具｜ 熱熔膠槍、水彩顏料、水彩筆、奇異筆

材料｜ 瓊崖海棠種子、二葉松毬果及各式小種子（如：孔雀豆、薏苡、無患子等）、木片、裝飾品、各色麻繩

❶ 二葉松
❷ 橡實帽
❸ 瓊崖海棠

｜做法｜

Step 1. 將二葉松毬果和瓊崖海棠及橡實帽分別黏貼在木片上。

Step 2. 發揮創意將各式小種子裝飾在毬果、雪人或木片上。

Step 3. 利用顏料、裝飾品來打扮毬果和雪人，凸顯熱鬧的氣氛即完成。

果實種子藤圈

種子藤圈創作是許多熱愛種子創作的人夢想創作的作品，原因無他，能夠將
手上或是不曾擁有的大小種子，藉此展現豐富的創意。種子藤圈創作風格迴
異，除了考驗老師準備材料的能耐之外，還包括創作者與生俱來的創作力。
若有機會一定要親手製作看看。

工具｜ 熱熔膠槍

材料｜ 藤圈、依照藤圈大小準備各式不同大小的種子

以大葉桃花心木的內果皮為
花瓣，展現出花朵的造型。
作品設計／徐逸羚

｜做法｜

Step 1. 依據自己喜好，挑選出想要展現在藤圈上的果實種子材料。

Step 2. 在藤圈上配置材料有幾種方式：
   ① 不限主題，隨興的自由黏貼。
   ② 將材料重組為特定的物件或形狀，像是：一朵朵的花、可愛的動物等。
   ③ 將不同種子材料依照大小如魚鱗狀排列或堆疊整齊；或是藤圈中間放
     置大型種子做為重心，如松果、荷花蓮蓬或是掌葉蘋婆果實。

貓頭鷹森林大會。 照片提供／宋志遠

種子藤圈最迷人之處，即是創作者可以隨心所欲
將各種喜歡的種子依序黏貼在藤圈上。

五穀雜糧生態貼畫

藉由種子貼畫過程，辨識五穀雜糧的種類，並可分享農民藏種的重要性。貼畫的主題可以結合生態動物，例如以當地常見鳥類為發想，介紹鳥的種類及覓食行為，增加參與者對生態保育的珍視。建議準備鳥類圖卡做為輔助，讓參與者參考手繪後，再利用五穀豐富的顏色、大小來配置黏貼。

作品設計 / 鄭惠萍

工具｜ 鳥類圖卡、樹脂、鉛筆

材料｜ 五穀雜糧（綠豆、紅藜、小米、白米、糙米等）、西卡紙

| 做法 |

Step 1.　介紹當地生態特色。

Step 2.　準備圖卡讓參與者參考繪製在西卡紙上。

Step 3.　使用樹脂將五穀雜糧黏貼到西卡紙上，呈現出生態主題動物的樣貌。

|延伸| 以人物、場景為貼畫主題。

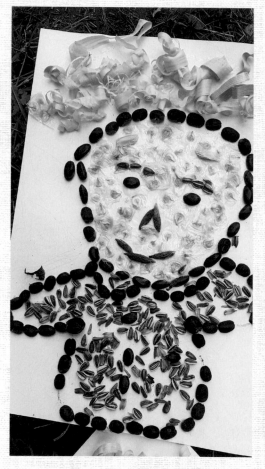

作品設計／彭瑞楠

作品設計／彭瑞楠

貓頭鷹拼貼

此作品的焦點在於貓頭鷹炯炯有神的雙眼睛注視著這個世界,而排列整齊有層次的鳥羽即由松果果鱗黏貼而來,參與者能夠在專注黏貼的過程中療癒身心靈。此課程適合訓練腦與雙手正在發育中的幼兒園孩童,對他們來說,黏貼鳥羽(果鱗)像是黏著一片片好吃的巧克力脆片,在快樂中學習。

作品設計╱黃寶珠

工具│圓規、樹脂
材料│貓頭鷹眼眶:印度紫檀或是水黃皮果實
　　　　眼珠:無患子種子
　　　　嘴巴:梅籽或青剛櫟
　　　　翅膀:蘇木或水黃皮果實
　　　　身體:濕地松果鱗
　　　　西卡紙

| 做法 |

Step 1. 先在紙上繪製一個大圓,做為貓頭鷹的身體構造。

Step 2. 在大圓上方緊連黏貼兩個相同大小的圓形或橢圓形的果實做為貓頭鷹眼眶,在眼眶上頭再黏上無患子種子做為眼珠。

Step 3. 在兩眼眶中間偏下方放置一個較尖的種子當做嘴巴。

Step 4. 接著剪下松果的果鱗,一片片從大圓外緣最下方依序排列朝上黏貼,直到黏滿貓頭鷹的身體。

其他果實種子創作欣賞

種子串

利用麻繩串起種子，隨創作者的喜好，可以選取相同或是大小不一，甚至都不同的種子將其利用麻繩串聯一起，象徵圓滿。

造型人物盆栽　作品設計／許惠婷

利用大葉桃花心木的果軸、內外果皮來設計盆栽中的奇趣造型人物，而眼睛及嘴巴則是運用圓形或扁形種子，如花旗木、咖啡豆，十分具巧思。

高跟鞋 作品設計／邱馨瑩

設計者利用大葉桃花心木果實的堅硬外果殼當成鞋底，美麗大方的配件則是將香椿果實集結成球，變出一隻華麗的高跟鞋。

青蛙划舟

黃花夾竹桃種子開口儼然是青蛙大嘴，兩個橡實帽加上無患子成了青蛙大眼珠，而青蛙乘坐的小船同樣是大葉桃花心木果實的外果皮。

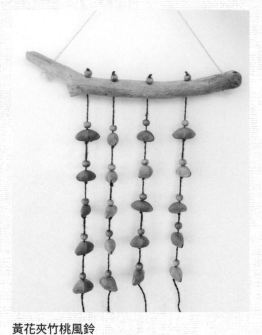

花花風車 作品設計／鄭敏惠

利用木玫瑰乾燥果實做為花心,搭配上大葉桃花心木果實的內果皮當成花瓣,渾然天成。

黃花夾竹桃風鈴

如元寶般的黃花夾竹桃種子結合黃金薏苡,綁製成串,象徵財源滾滾而來。

祈福掃把

除舊布新的種子創作,黏上可愛的種子後,成了笑容可掬的人兒。

種實標本設計 作品設計／臺東縣立東海國民中學 李依純老師

此創作發想來自國中美術老師的設計，期待創作者本身能夠藉此
加強認識常見種實的名稱，亦適合做為教學時的輔助教具。

種實標本設計
本設計利用質感佳的種子框將喜愛的種子黏貼在框格中，
完成後可掛置在客廳或旅宿、咖啡廳做為佈置之用。

種子樹 作品設計／林靜怡

將作品設計成樹的意象有兩種方式，左：利用松果當成樹的基底，再將各式種子黏貼在松果上。
右：將種子黏貼在特別訂製的木板框上，先黏上大小一致的種子及樹枝當成基底和樹幹後，再分別黏上各式種子以呈現出樹型。完成後，整體作品會展現出立體感。

種子球

將預備好的藤球綁上麻繩後，依序將大小較為一致的種子黏貼在藤球表面。建議藤球底部使用較為堅硬且不易碎裂的種子，避免在放置或儲藏時壓壞。

吊飾

將堅硬的種子製成具有功能性的吊飾，不論是用於教學或擺攤展售都很受歡迎。可準備木框或木架，將創作的種子吊掛在框架上，更能展現作品的藝術美感。

種子教具

將預先壓製乾燥的臘葉標本及其對應的種子，黏在西卡紙或薄木片上，運用在環境教育的教案設計，介紹植物之葉子及果實的特色、構造，或是比較相似種子的異同之處。

青楓和楓香之葉子和果實比較。

孔雀豆之葉子和種子。

利用木片黏上果實或是種子，並標上名稱做識別。也可以串聯成立體展示板，更能吸引眾人目光。

果實種子處理、保存檢索

食用果實（指人類）
○ 可食用
× 不宜

果實清潔處理
○ 適用
△ 適用，不宜過度
× 不需要、不宜
— 不適合處理

植物名稱	果實類型	食用果實	清潔與殺菁			乾燥處理			後處理			頁碼
			水洗	水煮	冰凍	日晒	風乾	低溫烘乾	鑽孔	打磨	拋光	
草本												
油菜	角果	○	○	×	○	○	○	×	×	×	×	30
蓖麻	蒴果	×	○	×	○	×	○	×	×	×	×	31
毛茛	聚合果	×	-	-	-	-	-	-	-	-	-	32
大花君子蘭	漿果	×	-	-	-	-	-	-	-	-	-	33
孤挺花	蒴果	×	-	-	-	-	-	-	-	-	-	34
薏苡	穎果	○	○	○	○	○	○	×	○	×	×	35
稗草	穎果	×	-	-	-	-	-	-	-	-	-	36
金色狗尾草	穎果	×	×	×	○	○	○	×	×	×	×	36
小米	穎果	○	○	×	○	○	○	×	×	×	×	37
高粱	穎果	○	-	-	-	-	-	-	-	-	-	38
濱刺麥	穎果	×	-	-	-	-	-	-	-	-	-	39
玉米	穎果	○	○	×	○	○	○	×	×	×	×	40
小麥	穎果	○	○	×	○	○	○	×	×	×	×	42
台灣百合	蒴果	×	○	×	○	○	○	×	×	×	×	43
毛西番蓮	漿果	×	-	-	-	-	-	-	-	-	-	44
馬利筋	蓇葖果	×	-	-	-	-	-	-	-	-	-	45
雞母珠	莢果	×	○	×	○	△	○	×	×	×	×	46
關刀豆	莢果	×	○	×	○	×	○	×	×	×	×	47
大豆	莢果	○	○	×	○	○	○	×	○	×	×	48
蠶豆	莢果	○	-	-	-	-	-	-	-	-	-	49
馬尼拉麻蕉	漿果	×	-	-	-	-	-	-	-	-	-	50
美人蕉	蒴果	×	○	×	○	○	○	○	×	×	×	51
苦蘵	漿果	○	-	-	-	-	-	-	-	-	-	52
黃水茄	漿果	×	-	-	-	-	-	-	-	-	-	53
辣椒	漿果	○	-	-	-	-	-	-	-	-	-	54
普剌特草	漿果	×	-	-	-	-	-	-	-	-	-	55
山牻牛兒苗	蒴果	×	-	-	-	-	-	-	-	-	-	56
倒地鈴	蒴果	×	×	×	○	○	○	×	×	×	×	57
大花咸豐草	瘦果	×	-	-	-	-	-	-	-	-	-	58
向日葵	瘦果	○	○	×	○	○	○	×	×	×	×	59
兔兒菜	瘦果	×	-	-	-	-	-	-	-	-	-	60
台灣蒲公英	瘦果	×	-	-	-	-	-	-	-	-	-	61
黃鵪菜	瘦果	×	-	-	-	-	-	-	-	-	-	62
菱角	堅果	○	○	×	○	○	○	×	○	×	×	63
黃花酢漿草	蒴果	×	-	-	-	-	-	-	-	-	-	64
雙輪瓜	漿果	×	○	×	×	△	○	○	×	×	×	66
山苦瓜	漿果	○	○	○	○	○	○	○	×	×	×	67
非洲鳳仙花	蒴果	×	-	-	-	-	-	-	-	-	-	68
射干	蒴果	×	×	×	○	○	○	×	×	×	×	69
荷	核果	○	○	×	○	○	○	×	○	×	×	70
虎杖	瘦果	×	×	×	○	△	○	×	×	×	×	71

植物名稱	果實類型	食用果實	清潔與殺菁			乾燥處理			後處理			頁碼
			水洗	水煮	冰凍	日晒	風乾	低溫烘乾	鑽孔	打磨	拋光	
草本												
小葉藜	胞果	×	-	-	-	-	-	-	-	-	-	72
黃秋葵	蒴果	○	○	×	○	○	○	×	-	-	-	73
冬葵子	蒴果	×	×	×	○	△	○	×	×	×	×	74
洛神花	蒴果	○	○	×	○	○	○	×	×	×	×	75
月桃	蒴果	×	×	×	○	△	○	×	×	×	×	76
蛇莓	聚合果	○	-	-	-	-	-	-	-	-	-	77
草莓	聚合果	○	-	-	-	-	-	-	-	-	-	78
玉山懸鉤子	聚合果	○	-	-	-	-	-	-	-	-	-	79
木本												
大葉溲疏	蒴果	×	○	×	○	○	○	×	×	×	×	80
九芎	蒴果	×	○	×	○	○	○	×	×	×	×	81
大花紫薇	蒴果	×	○	×	○	○	○	×	×	×	×	82
紫薇	蒴果	×	○	×	○	○	○	×	×	×	×	83
千年桐	核果	×	○	×	○	○	○	○	○	×	×	84
石栗	核果	×	○	×	○	○	○	×	○	○	○	85
沙盒樹	蒴果	×	○	×	×	×	○	×	○	○	×	86
密花白飯樹	蒴果、漿果	×	-	-	-	-	-	-	-	-	-	87
血桐	蒴果	×	-	-	-	-	-	-	-	-	-	88
烏桕	蒴果	×	×	×	○	○	○	○	×	×	×	89
台灣青莢葉	漿果狀核果	×	-	-	-	-	-	-	-	-	-	90
大葉山欖	核果	×	○	×	○	△	○	×	○	×	×	91
蛋黃果	核果	○	○	×	○	△	○	×	○	×	×	92
鵝掌藤	漿果	×	-	-	-	-	-	-	-	-	-	93
南美假櫻桃	漿果	×	-	-	-	-	-	-	-	-	-	94
木麻黃	聚合果	×	○	○	○	○	○	○	×	×		95
猢猻樹	蒴果	×	-	-	-	-	-	-	-	-	-	96
馬拉巴栗	蒴果	○	○	×	○	△	○	×	○	×	×	97
光蠟樹	翅果	×	○	×	○	○	○	×	×	×	×	98
金玉蘭	蓇葖果	×	-	-	-	-	-	-	-	-	-	100
洋玉蘭	聚合果	×	-	-	-	-	-	-	-	-	-	101
火筒樹	漿果	×	-	-	-	-	-	-	-	-	-	102
棋盤腳	核果	×	○	×	○	○	○	×	○	×	×	103
穗花棋盤腳	核果	×	○	×	○	○	○	×	○	×	×	104
六翅木	蒴果	×	○	×	○	○	○	×	×	×	×	105
黃花夾竹桃	核果	×	○	○	○	△	○	×	○	×	×	106
海檬果	核果	×	○	○	○	○	○	×	○	×	×	107
凹葉越橘	漿果	×	-	-	-	-	-	-	-	-	-	108
孔雀豆	莢果	×	○	×	○	△	○	×	○	×	×	109
蘇木	莢果	×	○	×	○	△	○	×	○	×	×	110
花旗木	莢果	×	○	×	○	○	○	×	○	×	×	111
栗豆樹	莢果	×	○	×	○	○	○	×	○	×	×	112

果實種子處理、保存檢索

食用果實（指人類）
○ 可食用
× 不宜

果實清潔處理
○ 適用
△ 適用，不宜過度
× 不需要、不宜
— 不適合處理

植物名稱	果實類型	食用果實	清潔與殺菁			乾燥處理			後處理			頁碼
			水洗	水煮	冰凍	日晒	風乾	低溫烘乾	鑽孔	打磨	拋光	
木本												
阿勒勃	莢果	×	○	×	○	○	○	×	○	×	×	114
鳳凰木	莢果	×	○	×	○	○	○	×	○	×	×	116
盾柱木	莢果	×	○	×	○	△	○	×	○	×	×	118
水黃皮	莢果	×	○	×	○	△	○	×	○	×	×	119
印度紫檀	莢果	×	○	×	○	△	○	×	×	×	×	120
翅果鐵刀木	莢果	×	○	×	○	△	○	×	×	×	×	121
羅望子	莢果	○	○	×	○	○	○	×	○	×	×	122
欖仁	核果	×	○	×	○	△	○	×	○	×	×	123
台灣冷杉	毬果	×	-	-	-	-	-	-	-	-	-	124
台灣二葉松	毬果	×	○	×	○	○	○	○	○	×	×	125
台灣華山松	毬果	○	-	-	-	-	-	-	-	-	-	126
濕地松	毬果	×	○	×	○	○	○	○	×	×	×	127
台灣黃杉	毬果	×	○	×	○	○	○	○	○	×	×	128
台灣鐵杉	毬果	×	○	×	○	○	○	○	○	×	×	129
柳杉	毬果	×	○	×	○	○	○	×	○	×	×	130
杉木	毬果	×	○	×	○	○	○	×	×	×	×	131
楓香	聚合果	×	○	○	○	○	○	×	○	○	×	132
山紅柿	肉質漿果	○	○	×	○	△	○	○	×	×	×	134
毛柿	漿果	○	○	×	○	○	○	○	×	×	×	135
象牙木	漿果	×	-	-	-	-	-	-	-	-	-	136
台灣胡桃	核果	○	○	○	○	○	○	×	○	○	○	137
化香樹	聚合果呈假毬果狀	×	○	○	○	○	○	○	×	×	×	138
台灣野牡丹藤	漿果	×	-	-	-	-	-	-	-	-	-	139
萬桃花	漿果	×	-	-	-	-	-	-	-	-	-	140
樹番茄	漿果	×	-	-	-	-	-	-	-	-	-	141
大葉桉	蒴果	×	○	○	○	○	○	○	×	×	×	142
白千層	蒴果	×	○	×	○	○	○	×	×	×	×	144
嘉寶果	漿果	○	-	-	-	-	-	-	-	-	-	146
麵包樹	聚合果	○	○	×	○	○	○	×	×	×	×	148
構樹	聚合果	○	-	-	-	-	-	-	-	-	-	150
牛奶榕	隱花果	○	-	-	-	-	-	-	-	-	-	151
胭脂樹	蒴果	○	○	×	○	○	○	×	×	×	×	152
橄樹	聚合果	○	-	-	-	-	-	-	-	-	-	153
咖啡	漿果	○	○	×	○	○	○	×	×	×	×	154
大頭茶	蒴果	×	○	×	○	○	○	○	×	×	×	156
草海桐	核果	×	-	-	-	-	-	-	-	-	-	157
杜虹花	核果	×	-	-	-	-	-	-	-	-	-	158
龍船花	核果	×	-	-	-	-	-	-	-	-	-	159
檳榔	核果	○	○	×	○	○	○	×	○	○	○	160
山棕	核果	×	○	×	○	○	○	×	×	×	×	162
藍棕櫚	核果	×	○	○	○	○	○	×	○	○	○	163

食用果實（指人類）	果實清潔處理
○ 可食用 × 不宜	○ 適用 △ 適用，不宜過度 × 不需要、不宜 — 不適合處理

植物名稱	果實類型	食用果實	清潔與殺菁			乾燥處理			後處理			頁碼
			水洗	水煮	冰凍	日晒	風乾	低溫烘乾	鑽孔	打磨	拋光	
木本												
蒲葵	核果	×	○	×	○	○	○	×	×	×	×	164
台灣海棗	漿果	×	-	-	-	-	-	-	-	-	-	165
馬尼拉椰子	核果	×	○	×	○	○	○	×	○	○	○	166
狐尾椰子	核果	×	○	×	○	○	○	×	○	○	○	167
板栗	堅果	○	○	○	○	×	○	×	×	×	×	168
小西氏石櫟	堅果	×	○	○	○	×	○	×	○	×	×	169
青剛櫟	堅果	×	○	○	○	×	○	×	○	×	×	170
太魯閣櫟	堅果	×	○	○	○	×	○	×	○	×	×	171
栓皮櫟	堅果	×	○	○	○	×	○	×	○	×	×	172
狹葉櫟	堅果	×	○	○	○	×	○	×	○	×	×	173
捲斗櫟	堅果	×	○	○	○	×	○	×	○	×	×	174
台灣欒樹	蒴果	×	○	×	○	○	○	×	×	×	×	175
番龍眼	核果	○	-	-	-	-	-	-	-	-	-	176
無患子	核果	×	○	×	○	○	○	×	○	×	×	177
台灣三角楓	翅果	×	○	×	○	○	○	×	×	×	×	178
蒜香藤	蒴果	×	-	-	-	-	-	-	-	-	-	179
藍花楹	蒴果	×	○	×	○	○	○	×	○	×	×	180
火焰木	蒴果	×	○	×	○	△	○	×	○	×	×	181
猴歡喜	蒴果	×	-	-	-	-	-	-	-	-	-	182
水柳	蒴果	×	-	-	-	-	-	-	-	-	-	183
天料木	蒴果	×	-	-	-	-	-	-	-	-	-	184
山桐子	漿果	×	-	-	-	-	-	-	-	-	-	185
破布子	核果	○	-	-	-	-	-	-	-	-	-	186
楝樹	核果	×	○	×	○	○	○	×	○	×	×	187
大葉桃花心木	蒴果	×	○	×	○	○	○	×	×	×	×	188
香椿	蒴果	×	×	×	○	△	○	×	×	×	×	189
沉香樹	核果	×	○	×	○	○	○	×	×	×	×	190
台東漆	核果	×	-	-	-	-	-	-	-	-	-	191
太平洋梓	核果	○	-	-	-	-	-	-	-	-	-	192
辣木	蒴果	○	○	×	○	○	○	×	○	×	×	194
蓮葉桐	核果	×	○	×	○	△	○	×	×	×	×	195
大丁黃	蒴果	×	-	-	-	-	-	-	-	-	-	196
台灣赤楊	聚合果	×	○	×	○	○	○	×	×	×	×	197
水麻	聚合果	×	-	-	-	-	-	-	-	-	-	198
海島棉	蒴果	×	×	×	○	△	○	×	×	×	×	199
山芙蓉	蒴果	×	×	×	○	△	○	×	×	×	×	200
黃槿	蒴果	×	×	×	○	△	○	×	×	×	×	201
銀葉樹	堅果	×	○	×	○	○	○	×	○	×	×	202
克蘭樹	蒴果	×	×	×	○	×	○	×	×	×	×	203
槭葉翅子樹	蒴果	×	○	×	○	○	○	×	○	×	×	204
蘋婆	蓇葖果	○	-	-	-	-	-	-	-	-	-	205

果實種子處理、保存檢索

食用果實（指人類）
○ 可食用
× 不宜

果實清潔處理
○ 適用
△ 適用，不宜過度
× 不需要、不宜
— 不適合處理

植物名稱	果實類型	食用果實	清潔與殺菁			乾燥處理			後處理			頁碼
			水洗	水煮	冰凍	日晒	風乾	低溫烘乾	鑽孔	打磨	拋光	
木本												
掌葉蘋婆	蓇葖果	○	○	×	○	○	○	×	○	×	×	206
可可樹	漿果	○	-	-	-	-	-	-	-	-	-	208
台灣梭羅樹	蒴果	×	×	×	○	×	○	×	×	×	×	209
台灣枇杷	梨果	○	-	-	-	-	-	-	-	-	-	210
玉山假沙梨	梨果	×	-	-	-	-	-	-	-	-	-	211
瓊崖海棠	核果	×	○	×	○	○	○	×	○	×	×	212
水冬瓜	漿果	×	-	-	-	-	-	-	-	-	-	213
蘇鐵	種子	×	○	×	○	×	○	×	○	×	×	214
林投	聚合果	○	○	×	○	○	○	○	○	×	×	215
紅刺露兜樹	聚合果	×	○	×	○	△	○	○	○	×	×	216
藤本												
印加果	蒴果	○	○	×	○	○	○	×	○	×	×	218
阿里山忍冬	漿果	×	-	-	-	-	-	-	-	-	-	219
老虎心	莢果	×	○	×	○	○	○	×	○	×	×	220
大血藤	莢果	×	○	×	○	○	○	×	○	×	×	221
血藤	莢果	×	○	×	○	○	○	×	○	×	×	222
使君子	核果	×	○	×	○	△	○	×	○	×	×	223
姬旋花	蒴果	×	×	×	○	×	○	×	×	×	×	224
黃藤	核果	×	○	×	○	△	○	×	○	×	×	225
猿尾藤	翅果	×	-	-	-	-	-	-	-	-	-	226
三星果藤	翅果	×	×	×	○	△	○	×	×	×	×	227
山葡萄	漿果	×	-	-	-	-	-	-	-	-	-	228
木鱉子	漿果	○	○	×	○	○	○	×	○	×	×	229
大葉南蛇藤	蒴果	×	×	×	○	×	○	×	×	×	×	230
印度鞭藤	核果	×	-	-	-	-	-	-	-	-	-	231
台灣羊桃	漿果	○	-	-	-	-	-	-	-	-	-	232